JN064543

キーワードで知る サステナビリティ

Key Words for Sustainability

武蔵野大学サステナビリティ学科【編著】

サステナビリティ（持続可能な発展）
SDGs
プラネタリー・バウンダリー
弱い持続可能性と強い持続可能性
システム思考
再帰的近代化・エコロジー的近代化
環境と経済・社会の統合の向上
ウェルビーイング
コンヴィヴィアリティ
社会的包摂
公正・公平
環境正義
レジリエンス
コモンズ
クリティカルシンキング
チェンジエージェント
自己充足
身体感覚
伝統知（在来知）
環境心理学

パーマカルチャー
社会関係資本
人新生・脱成長・定常型社会
トランジション
ファシリテーション
リジェネラティブ
CSV
ESG投資
エシカル消費
サーキュラーエコノミーとシェアリングエコノミー
拡大生産者責任
予防原則
バックキャスティング
パートナーシップ
地域循環共生圏
流域圏
一場所多役
マイクロプラスチック
化学物質
グリーンケミストリー

リスク管理
気候変動と異常気象
温室効果ガス
脱炭素・カーボンニュートラル
気候変動適応
ヒートアイランド
ZEH・ZEB
再生可能エネルギー
LCA（ライフサイクルアセスメント）
3R（リデュース、リユース、リサイクル）
エネルギーセキュリティ
バイオマス
バイオマスエネルギー
バイオマスプラスチック
食料システム
ローカルフードポリシー
生物多様性
NbS（Nature based Solutions）
熱帯林とその保全
里山

武蔵野大学出版会

本書の取扱説明

◉本書の狙いと使い方

　「サステナビリティ」とは、「極めて端的にいえば、現在だけでなく、将来にもわたって、長く持続可能であることである。」（本書の「サステナビリティ」p 16 の解説より）。そして、「サステナビリティ学」とは、サステナビリティを損なう諸問題の現象や、主問題の関係や根本的な問題を明らかにして、サステナブルな社会の具体的なあるべき姿（理想像）を描き、新たな取り組みを創造し、主体的に活動していくための実践学である。

　しかし、武蔵野大学のサステナビリティ学科がサステナビリティを冠した日本初の学科であるように、「サステナビリティ学」という学びの分野や体系、具体像が一般に広く知られているわけではない。そこで、「サステナビリティ学」を学ぶ人の教材、あるいは社会への啓発の書として活用することを目的として、本書を作成した。

　本書では、「サステナビリティ学」において重要なキーワードを抽出・整理し、一つひとつのキーワードの定義や重要性、応用・実践例等を解説し、関連する他のキーワード、さらに学ぶための参考文献をまとめた。様々なキーワードを見ることで、「サステナビリティ学」の全体像を俯瞰したり、さらに深く学んでいくための手がかりを得ることができる。

　「サステナビリティ学」の講義や現場での話し合いで出てきたキーワードを詳しく理解したい場合に、本書は「辞書」としての役割を果たすだろう。また、サステナビリティの規範や考え方に関するキーワードを用いて、問題の解決手法を考えるようにして欲しい。この意味では、本書は問題解決のための「ヒント集」となるだろう。

●本書で取り上げたキーワードの特徴や注意点

本書を使ううえで、取り上げた 61 のキーワードの特徴を知っておくことが必要である。

①キーワードは、武蔵野大学のサステナビリティ学科の関係者（専任教員、及び客員、非常勤等）が重要なものとして選んだキーワードである。関連する分野をできるだけ網羅するようにしている。ただし、取り上げたキーワードが実践に必要な全てとはいえない。

②キーワードは、大きく、サステナビリティを考えるうえで規範となるもの、ソーシャルデザインに関するもの、環境エンジニアリングに関するものの 3 つに分けられる。分類の体系を図 1 に示す。

③キーワードの学問分野は、自然科学 (気候学、生態学、化学等)、応用科学 (工学、農学等)、社会科学 (経済学、経営学、社会学、政策科学等)、人文科学 (心理学、哲学、教育学等) といった多岐にわたる。問題解決や実践のための知恵は、様々な学問分野にあるからである。

④キーワードの解説は、学問において一般的、あるいは政策において公式的と考えられる内容である。ただし、一般的なことであっても、特定の価値観や考え方に基づく。解説はあくまで自律的な学習の手がかりであり、批判的に学ぶことが必要である。また、キーワードの定義

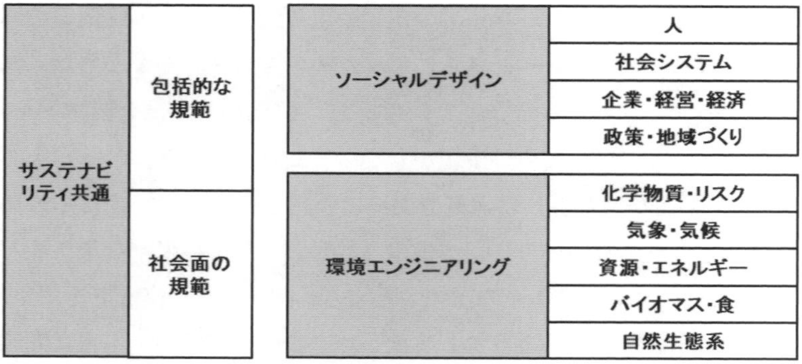

サステナビリティ共通	包括的な規範		ソーシャルデザイン	人
				社会システム
				企業・経営・経済
	社会面の規範			政策・地域づくり
			環境エンジニアリング	化学物質・リスク
				気象・気候
				資源・エネルギー
				バイオマス・食
				自然生態系

図1　本書でとりあげているキーワードの体系

や解釈は、研究や政策の進展に伴い、変化していくことに注意しなければならない。

◉「サステナビリティ学」が解決すべき危機

本書で示すキーワードを大づかみに理解するために、「サステナビリティ学」が対峙する危機、目指すべき社会、その実現方法を、キーワードの解説を引用しながら、記してみよう。

まず「サステナビリティ学」が必要になっている。なぜなら、地球や地域、自然や人が健全な状態とはいえず、現在の被害が深刻であり、将来もさらに深刻な状況になると予測されるからである。このままでは地球上の人類の生存が未来永劫に続くとはいえない。本書の内容から、人類の生存基盤をむしばみ、将来の生存可能性を損なう恐れのある状況を抜粋しよう。

「地球平均の気温は、近年になるほど上昇が加速しており、過去100年間における気温の上昇量は 0.74℃ /100 年であるが、近年の 50 年間では 1.28℃ /100 年、25 年間では 1.77 ℃ /100 年と気温上昇率が大きくなる傾向となっている。……2021 年の 1 年間でも世界中で多くの異常気象が発生しており、特に、北半球の各地で異常高温や異常多雨が発生していることがわかる。また、気象災害も多く発生しており、世界各地で多数の死者が出る被害となっている。」(「気候変動と異常気象」p150 より)

「現在、地球上において約 180 万種の生物の存在が明らかになっており、未発見のものも含めると 3,000 万種とも推定される。……人為による環境の改変は産業革命以降に急速に進み、さらに 20 世紀後半の人口増加や科学技術の進歩により加速している。これにより、現在地球上での第 6 回目の大絶滅が進んでいると考えられている。」(「生物多様性」p 196 より)

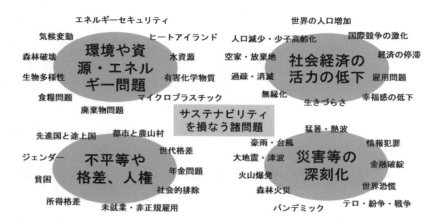

図2　地球や地域のサステナビリティを損なう諸問題

「世界の栄養不足人口は2010年頃まで減少が続いたが、その後横ばいとなり、新型コロナウイルスの世界的流行が生ずると明らかに増加傾向に転じた。また、ロシアによるウクライナ侵略を受け、コロナ禍で上昇傾向にあった食料や肥料の価格は一層高騰した。……他方、現在の食料システムは温室効果ガス排出量の最大約3分の1、生物多様性の喪失の最大80%、淡水使用量の最大70%に寄与しているなど、環境への負荷が大きな課題として指摘されている。」（「食料システム」p 192より）

「化学物質データベース「CAS REGISTRY」に登録された化学物質の数は、わずか8年で化学物質の数が倍に、いいかえるとこの期間で数秒に1個の化合物が登録されていた計算となる。……化学物質の数が膨大化し、さらに増加、多様化していく中で、人の健康や生態系への影響の発現は見えにくく、実証されにくい。結果、悪影響の有無や現象を引き起こす仕組みの科学的解明が追いついていない。」（「化学物質」p 142より）

この他、ウクライナの紛争が収まらないように、国際的な紛争・戦争は

途切れることがない。新型コロナというパンデミックは、自然を破壊し、野生動物が持つ未知のウイルスに近づきすぎた人類へのしっぺ返しであり、地球の健康と私たちの健康は一体的なものであることを思い知ることとなった。

　日本国内では「アジアの奇跡」と言われた高度経済成長期を経て、安定すべき段階を迎えているが、人口減少と少子高齢化、産業構造の転換の遅れ等から、質のよい経済への移行ができてきたとは言い難い。国際競争が活発化するなかで、人口減少下での国土や地域の再編、福祉の財源確保、ストレス社会や無縁化という社会問題にも対処していかなければならない。図2に地球や地域のサステナビリティを損なう諸問題の全体像を示す。

◉「サステナビリティ学」が目指す理想の社会

　解決すべき問題は山積みであり、私たちは未来に不安を感じざるを得ない。それでも、「サステナビリティ学」は希望を失わず、理想の社会の実現を目指す。目指す理想の社会は、いくつかの規範を満たす社会である。本書の「サステナビリティ（持続可能な発展）」p16の記述から、目指

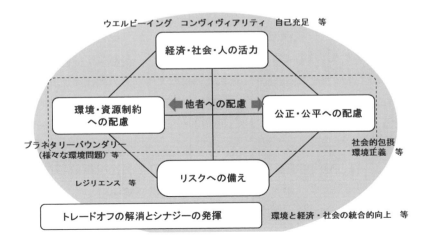

図3　持続可能な理想社会の規範とそのキーワード

す理想的な社会の規範を抜粋してみよう（図3参照）。

「第1に、持続可能な発展では、将来のためにも現在の人間活動の活力が確保されている必要がある。現在の活力が将来の活力を築く基盤となるからである。ここで注意すべきは、将来を築く活力は経済面だけでなく、社会面、あるいは人の生き方の側面にもあることである。経済の量的成長ではなく、質を変えることで活力を高めることも考えなければならない。このことに関連して、「ウェルビーイング」p 44や「コンヴィヴィアリティ」p 46、「自己充足」p 78等をどのように実現するかを深く考えなければならない。」

「第2に、他者に配慮するという制約の中で活力が確保されないと持続可能な発展にはならない。ここでいう他者への配慮とは、人間による環境への配慮（環境・資源制約への配慮）と人間間での配慮（公正・公平への配慮）の2つの側面があり。関連して、環境面では「プラネタリー・バウンダリー」p 26、社会面では「社会的包摂」p 50や「公正・公平」p 54、「環境正義」p 58等の観点を深く理解する必要がある。」

「第3に、他者への配慮をしていたとしても、自然災害や想定外の災害は起こりえる。そのことが持続可能性を損なうことになるため、リスクへの備えが必要となる。特に、高齢化や財政難等から人間側の脆弱性（感受性）が高まる傾向にあり、このことが災害の被害を大きくする状況にある。関連して、「レジリエンス」p 62の考え方の具体化が重要である。」

「第4に、持続可能な発展にかかる規範は相互作用の関係にある。環境への配慮が人間活動の活力を抑制する（我慢させる）というトレードオフの側面があれば、環境への配慮への参加を通じて人間活動の活力が高まったり、逆に環境への配慮をしないことで人間活動の活力が弱まるといったシナジーの側面がある。トレードオフを解消するとともに、正

の作用によるシナジー効果を発揮する工夫が必要となる。例えば、環境保全への取り組みをビジネスチャンスとしたり、それによる人と人とのつながり（「社会関係資本」p 92）を強めるなど、「環境と経済・社会の統合的向上」p 42 を図る創意工夫が求められる。」

●「サステナビリティ学」における統合（つなぐ・つながる）

理想の社会の実現のために重要な方法は「統合」である。統合とは、時間軸、空間軸、主体軸、分野軸でつながる様々な要素をつなぐことである。そして、自分が関わる問題の解決に対して誠実に関わろうとするならば、自分以外の対象をつなぐだけでなく、その対象に自分がつながるという当事者性が重要である。つまり、サステナビリティ学の要諦は「つなぐ・つながる」ことにある。

多岐にわたるつなぐ対象とそれに関連して本書で取り上げたキーワードを図4に整理した。先に、サステナビリティ学は様々な学問分野を動員する（すなわち、学際的・越境的につなぐ）ものだと記したが、問題解決の実践においては、つなぐべき対象は様々である。これらが分断されている

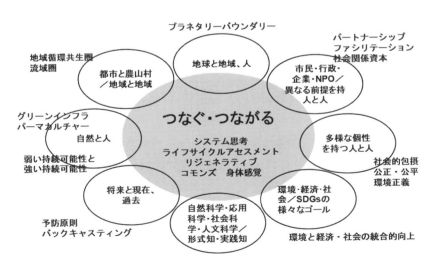

図4　サステナビリティ学で統合すること

7

状況、あるいは排他的でよくない状況にあることを考えると、サステナビリティ学の「つなぎ・つながる」役割がとても重要である。

「つなぎ・つながる」という点で、特に重要なキーワードとして、システム思考、リジェネラティブを紹介しよう。

「システム思考とは、さまざまな要素のつながりや相互作用を理解することで、望ましい変化を作り出すための思考法である。要素間のつながりを理解することで、問題を生み出している真の原因や問題構造を捉え、それを改善する解決策を考えるのである。」（「システム思考」p 34 より）

「「リジェネラティブ」とは「再生的」を意味し、命を再生し、その命がほかの命を再生するつながりをつくることである。……。求められている持続可能性の実現のためには、生き物を含む環境そのものへの負荷・破壊を減らすだけでは足りず、すべての生命はつながりの中で存在するという前提で生命を癒し育むことを通じて、私たちが直面している課題を乗り越えようとする考え方。」（「リジェネラティブ」p 102 より）

●私たちはどう生きていくか。

「サステナビリティ学」を学んだ私たちは、どう生きていくか。人類の生存の危機や様々な格差と不平等、衰退と荒廃の問題があるなか、見て見ぬふりはできない。私たちのこれからの4つの生き方を提案したい。

第1に、私たちは「冷静な観察者・分析者・考察者」でなければならない。特に、サステナビリティを損なう諸問題が密接につながっていること、諸問題の根本に私たちが暮らす社会経済の構造や文化があること、さらに諸問題やその構造や文化に私たち自身が関与している当事者であることについて、俯瞰的・客観的に分析をしていかなければならない。このためには、問題の原因や対策に関する自然科学や社会科学等をしっかりと学ぶ必要がある。

　第2に、私たちは「発想豊かな創造者」であり、「行動的な先駆者」でなければならない。諸問題のトレードオフの解消や正のシナジーを発揮させるためのアイディアは、固定観念に囚われない、自由な感性から生まれてくるだろう。また、変化を好まない人々の中に埋没したり、変化を阻害する力もあるなか、あい路を解消し、道を切り拓く、粘り強い先駆者となることが期待される。このためには、解決に向けた活動に関わり、実践における思考と活動の経験を積みかさねていく必要がある。

　第3に、私たちが科学を学び、創造的で先駆的であれば、それだけでいいものではない。常識や慣性に問われずに、前提を疑う「問いを持ち続ける批判者」となり、「転換を担う革新者」でなければならない。サステナビリティを損なう諸問題の解決を図るためには、従来の構造や文化を批判的に捉え、その根本的な転換が必要になっているからである。(「クリティカルシンキング」p 72、「トランジション」p 96 を参照)。

　第4に、私たちは「仲間とともにある自己充足を大切にする人」でなければならない。問題解決に熱中し、自分を見失ってしまっては本末転倒である。自分自身の身体や精神の良い状態と、社会の良い状態を同時に実現していくこと(「ウエルビーイング」p 44 を参照)、自立しながらもできないことを支えることに歓びを感じること(「コンヴィヴィアリテイ」p 46 を参照) を大切していかなければならない。もちろん、自分を大切にする精神は自分の以外の人や生物にも向けられるものである。

CONTENTS 目次

《2. ソーシャルデザイン》

《3.環境エンジニアリング》

◉3.1 　化学物質・リスク

◉3.2 　気象・気候

◉3.3 　資源・エネルギー

◉3.4 　バイオマス・食

1
サステナビリティ共通

1.1 包括的な規範
サステナビリティ
（持続可能な発展）

作成：白井信雄

■サステナビリティという概念の曖昧さ

　サステナビリティとは、極めて端的にいえば、現在だけでなく、将来に
もわたって、長く持続可能であることである。しかし、誰にとっての何が
サステナブルなのか、サステナビリティを実現した社会はどのような姿か、
それを実現するために何をすべきか。これらの問いに対する答えは多様で
あり、曖昧なままである。曖昧であることで、サステナビリティに向けた
様々な立場や考え方が正当化され、参加と協働が促されてきた。しかし、
曖昧さを看過できないことも多い。

　例えば、気候変動防止のために再生可能エネルギーの大量導入が必要で
あり、それへの投資による経済成長（グリーン成長）が期待されている。
しかし、メガソーラーが立地する地域では、それが地域の環境破壊となっ
ているばかりか、事業主体が地域外の資本であることが多く、地域経済の
活性化や地域課題の解決に効果をもたらさないことが問題となっている。
環境と一部の企業のサステナビリティが、地域のサステナビリティを阻害
しているのである。また、サステナビリティを実現した社会では、AIや
ロボット等の技術はどのように利用されているのか。経済成長の追求を続
け、それと環境保全との調和を図るのか。少子高齢化が進むなかで山間等
の条件不利地域では消滅可能性が高まっているが、都市部に居住を集中さ
せて全体として効率性が高まればいいのか。こうした議論を深めることが
ないままに、サステナビリティを枕詞にして、出来るところからの小さな
行動を正当化し、根本的な問題解決を先送りにしてきている。

　その他、サステナビリティの曖昧さがもたらす失敗の例を表1に示す。

表1　「サステナビリティの曖昧さ」による失敗の例

単視眼的	・気候変動防止のためのメガソーラー普及による地域環境の破壊、住民の反対
短絡的な行動主義	・できるところから始める行動の優先、それゆえの効果のなさ
トップダウン	・国民との対話がない政府によるエネルギー政策、強い規制と管理による環境保全
強者の視点（弱者の視点の欠如）	・脆弱な地域における気候変動の影響に関する想像力の欠如、それゆえの強者による弱者の問題の軽視
人間中心（生態系の視点の欠如）	・人間のための生態系サービスの捉え方、自然の持つ存在価値の軽視
異なる価値観との対立	・多様な価値観や前提による考え方の違いを理解しあうプロセスの不足、合意はされたが実行されない
利益・効率優先の弊害	・利益をもたらさない小規模でスローな活動の軽視、住民を置いてきぼりにした急速度の対策
先進国の無責任	・先進国が受益を得て加害者となり、開発途上国が受益が少ないままに被害者となる構造
根本的解決の先送り	・大量生産・大量消費・大量廃棄型の生活様式からの転換を先送りするリサイクル推進

■持続可能な発展の概念の変遷

　サステナビリティ（持続可能な発展）という概念の曖昧さは、国際社会における「持続可能な発展」に関する議論の経緯から理解することができる。持続可能な発展という概念は、1970年代・1980年代から提示され、1990年代のリオ宣言において確立され、2000年以降に重点を変えながら、定着してきた（表2）。1970年代後半、クーマーは「環境制約下での成長」という観点で持続可能性を定義した。地球は1つで有限であり、資源・エネルギー（地下にある石油等の化石資源）、食糧や水等の利用可能量（環境容量）が人類の活動量の制約となることを示した。

　持続可能な発展の初出は、1980年の世界自然保護戦略とされる。同戦略は「開発と保全の調和」を持続可能な開発と表し、保全とは将来世代と現在世代を両立させる生物圏利用の管理と定義した。公式に持続可能な発展の考え方が示されたのは、1987年の環境と開発に関する世界委員会報告「われら共有の未来」である。同報告では、「持続可能な発展」を「将来の世代のニーズを満たす能力を損なうことなく、今日の世代のニーズを満たすような発展」と定義した。

さらに、1992 年にリオデジャネイロで開催された「環境と開発に関する国連会議（リオサミット）」において、リオ宣言、アジェンダ 21 の中に、「持続可能な発展」の考え方が記され、合意を得ている。リオサミットから 10 年後の 2002 年に南アフリカのヨハネスブルクで開催された「持続可能な開発に関する世界サミット」、そして 20 年後の 2012 年に再びリオデジャネイロで開催された「国連持続可能な開発会議」において、リオサミットで示された持続可能な発展が基本理念として継承された。

　ここまでの経緯で知るべきは、1990 年代以降は、国際的な環境保全への協調が、開発途上国の経済成長の抑制にならないようにという配慮から、持続可能な発展という考え方が玉虫色に解釈できるマジックワードのように使われてきたことである。持続可能な発展という言葉は、当時の政治的妥協による合意の産物という性格があり、持続可能な発展の明確な規範や根本的な問題の議論が先送りにされてきたことは否めない。

　以下では、サステナビリティと持続可能な発展は同義として、記述する。

■混迷する持続可能な発展の考え方の整理

　環境と経済、社会の 3 側面のバランスをとることが持続可能な発展の規範だとする向きもあるが、これもまた玉虫色に解釈できる曖昧な考え方である。持続可能な発展の考え方が混迷する一方で、多様化した規範を整理する研究が行われてきた。国立環境研究所（2011）は、持続可能な発展に関する領域横断的な規範を既往研究等から抽出し、次の 4 つの観点を整理している。①と②の規範は、ハーマン・デイリーの 3 原則を踏襲したもので、人間活動と環境の関係に着目する。③は持続可能な発展の「発展」における人間社会の規範、④は①〜③を補完し、サステナビリティの確保をより確実にするものである。

　①可逆であること
　②可逆ではなくとも、代替できること
　③人の基本的なニーズを満たすこと
　④より安定的であること

　2010年代に入り、持続可能な発展の具体的目標として、SDGsが策定された。SDGsは、2001年に作成された「国連ミレニアム目標（MDGs）」の後継としても位置づけられた。MDGsが社会的な側面を重視した内容であるため、それを取り込んだSDGsは社会面を重視した内容となっている。「誰一人取り残さない」という社会的包摂の考え方が強く打ち出されたことにも特徴がある。すなわち、SDGsは、持続可能な発展の規範として特に広範で曖昧であった社会面の理念と具体的な目標を明確にした点で

表2　国際社会における持続可能な発展の概念の変遷

年代	代表的な定義	段階
1970年代	クーマーの定義（1979年） ・持続可能な社会とは、その環境の永続的な制限の内で営まれる社会のことをいう。その社会は…成長しない社会ではない…それは、むしろ成長の限界を知っている…また、他の成長方法を模索する社会である。	環境制約に対して持続可能性が提起
1980年代	世界自然資源保全戦略（IUCN／UNEP／WWF、1980年） ・「持続可能な開発」という表現を文書で使い、「開発」と「保全」について定義づけ。『開発』：人間にとって必要なことがらを満たし、人間生活の質を改善するために生物圏を改変し、人的、財政的、生物的、非生物的資源を利用すること。『保全』：将来の世代のニーズと願望を満たす潜在的能力を維持しつつ、現在の世代に最大の持続的な便益をもたらすような人間の生物圏利用の管理。	世代間での持続可能性が提起
	環境と開発に関する世界委員会（ブルントラント委員会）報告書（1987）） ・持続可能な発展を将来の世代のニーズを満たす能力を損なうことなく、今日の世代のニーズを満たすような開発と定義。	
1990年代	国連環境開発会議（リオサミット、1992年） ・環境と開発に関するリオ宣言、アジェンダ21の中心的概念として「持続可能な開発」を採用。リオ宣言の原則4では、「持続可能な開発を達成するため、環境保護は、開発過程の不可分の部分とならなければならず、それから分離しては考えられないものである。	持続可能な発展の概念の確立
2000年代	国連環境開発会議（ヨハネスブルグサミット、2002年） ・ヨハネスブルグ宣言において、「我々は、持続可能な開発の、相互に依存しかつ相互に補完的な支柱、即ち、経済開発、社会開発及び環境保護を、地方、国、地域及び世界的レベルでさらに推進し強化するとの共同の責任を負うものである」として示した。	持続可能な発展の概念の定着
2010年代	国連環境開発会議（リオ＋20、2012年）、国連持続可能な開発サミット(2015年) ・1992年から20年後、再びリオで開催された会議で目標の具体化が提案され、2015年に持続可能な開発目標（SDGs）が制定された。SDGsの理念を示すアジェンダでは、社会的包摂（誰一人取り残さない）を強調した。	持続可能な発展の目標の明確化

出典）環境省資料等をもとに筆者作成

意義深い。

■持続可能な発展の規範で重要なこと

　ここまでの整理を踏まえ、持続可能な発展の規範として重要な4点を記す。

　第1に、持続可能な発展では、将来のためにも現在の人間活動の活力が確保されている必要がある。現在の活力が将来の活力を築く基盤となるからである。ここで注意すべきは、将来を築く活力は経済面だけでなく、社会面、あるいは人の生き方の側面にもあることである。経済の量的成長ではなく、質を変えることで活力を高めることも考えなければならない。このことに関連して、「ウェルビーイング」や「コンヴィヴィアリティ」、「自己充足」等をどのように実現するかを深く考えなければならない。

　第2に、他者に配慮するという制約の中で活力確保されないと持続可能な発展にはならない。ここでいう他者への配慮とは、人間による環境への配慮（環境・資源制約への配慮）と人間間での配慮（公正・公平への配慮）の2つの側面があり。関連して、環境面では「プラネタリー・バウンダリー」、社会面では「社会的包摂」や「公正・公平」、「環境正義」等の観点を深く理解する必要がある。

　第3に、他者への配慮をしていたとしても、自然災害や想定外の災害は起こりえる。そのことが持続可能性を損なうことになるため、災害への備えが必要となる。特に、高齢化や財政難等から人間側の脆弱性（感受性）が高まる傾向にあり、このことが災害の被害を大きくする状況にある。関連して、「レジリエンス」の考え方の具体化が重要である。

　第4に、持続可能な発展にかかる規範は相互作用の関係にある。環境への配慮が人間活動の活力を抑制する（我慢させる）というトレードオフの側面があれば、環境への配慮への参加を通じて人間活動の活力が高まったり、逆に環境への配慮をしないことで人間活動の活力が弱まるといったシナジーの側面がある。トレードオフを解消するとともに、正の作用によるシナジー効果を発揮する工夫が必要となる。例えば、環境保全への取り

組みをビジネスチャンスとしたり、それによる人と人とのつながり（「社会関係資本」）を強めるなど、「環境と経済・社会の統合的向上」を図る創意工夫が求められる。

■社会を転換するのか・しないのか

　持続可能な発展の規範を満たすとしても、それを具現化する社会は１つの姿になるとは限らない。これまでの社会経済システムは、経済成長や技術革新、効率的な経済活動の拡大、大都市への集中、利益の福祉への還元という方針を一貫して追い求めてきた。今日では、近代化の弊害としての弊害があったとして、それを改良した「エコロジー的近代化」によって乗り越えていこうという考え方が政策の主流となっている。

　しかし、それとは異なる社会、すなわち、巨大技術ではなく適正技術、効率よりも公正、外部依存よりも自立共生を重視して、社会転換を図る動きもある。代替社会へのトランジションは慣性社会から離れる痛みや既得権益の抵抗もあって、一筋縄ではいかない。それでも慣性の社会が行き詰まるときへの備えとして、トランジションを進めていくことも考えなければならない。

■関連するキーワード
SDGs、ウェルビーイング、プラネタリー・バウンダリー、社会的包摂、レジリエンス、エコロジー的近代化、トランジション、ナチュラル・ステップ、強い持続可能性と弱い持続可能性

■さらに調べよう・考えよう
サステナビリティの定義が曖昧で問題があると考える事例を探してみよう。

■参考文献
国立環境研究所（2011）「持続可能社会転換方策研究プログラム」資料
白井信雄（2020）『持続可能な社会のための環境論・環境政策論』環境新聞社

1.1 包括的な規範
SDGs

作成：白井信雄

■SDGsの策定と活用の動き

SDGs は、2016 年から 2030 年までの 15 年間での達成を目指した 17 のゴールおよび 169 のターゲットで構成されている。2015 年に、ニューヨークの国連本部で「国連持続可能な開発サミット」が開催され、「持続可能な開発のための 2030 アジェンダ」が採択された。このアジェンダの中核となったのが SDGs である。

その後、世界各国が SDGs の達成に向けて動き出している。日本も、2016 年も総理を本部長とし、全閣僚を構成員とする「SDGs 推進本部」を設置し、「持続可能な開発目標（SDGs）実施指針」が決定された。

また、ESG 投資（Environment、Social、Governance に関する情報を考慮した投資）が活発化し、企業の SDGs への取組みの後押しとなっている。長期的投資を行う機関投資家は、企業の持続可能な発展の判断基準として、企業の SDGs への取組みに関心がある。

■SDGsの作成に至る流れ

SDGs は 1992 年の国連環境開発会議（リオ・サミット）以降、環境と開発のあり方が検討されてきた流れで作成された。2012 年の国連持続可能な開発会議（リオ＋ 20）の会合開催を控えた準備会合の際、コロンビアが提案し、グアテマラが支持する形で SDGs が提案され、リオ＋ 20 の目玉となる成果として ＳＤＧｓが注目されるようになった。

この流れに合流したのが MDGs である。MDGs は 2000 年の国連ミレニアム・サミットでまとめられたミレニアム開発目標である。同サミット

では、平和と安全、開発と貧困、環境、人権とグッドガバナンス、アフリカの特別なニーズ等を課題として掲げ、国連ミレニアム宣言をまとめた。この宣言とそれまでの国際開発目標を統合し、MDGs が作成された。MDGs は 2015 年が達成期限であり、後継となる目標の議論がなされていたが、SDGs の検討が活発となり、SDGs が MDGs の後継の役割を得た。

■構成する要素の「広汎性」と「普遍性」

　SDGs の要素の特徴として 2 点をあげる。第 1 に、SDGs が扱う範囲に「広汎性」がある。SDGs と MDGs が示すゴールの対応を表 1 に示すが、MDGs を取り込むことで、環境と経済の側面を中心に検討されてきたSDGs のゴールは社会面を広く具体化したものとなった。

　第 2 に、途上国だけでなく、先進国も含めたすべての国やあらゆる人々が関連するゴールとターゲットを扱う方針で作成されており、「普遍性」がある。例えば、「8. 働きがいも経済成長も」のターゲットでは「8.1

表1　MDGsとSDGsのゴールと環境・経済・社会の側面との対応

	MDGs	SDGs
環境	7. 環境の持続可能性の確保	6. 安全な水とトイレを世界中に 7. エネルギーをみんなに そしてクリーンに 11. 住み続けられるまちづくりを 13. 気候変動に具体的な対策を 14. 海の豊かさを守ろう 15. 陸の豊かさも守ろう
経済	－	8. 働きがいも経済成長も 9. 産業と技術革新の基盤をつくろう 12. つくる責任 つかう責任
社会	1. 極度の貧困と飢餓の撲滅 2. 普遍的初等教育の達成 3. ジェンダーの平等の推進と 　 女性の地位向上 4. 乳幼児死亡率の削減 5. 妊産婦の健康の改善 6. HIV／エイズ、マラリア及 　 びその他の疾病の蔓延防止 8. 開発のためのグローバル・ 　 パートナーシップの推進	1. 貧困をなくそう 2. 飢餓をゼロ 3. すべての人に健康と福祉を 4. 質の高い教育をみんなに 5. ジェンダー平等を実現しよう 10. 人や国の不平等をなくそう 16. 平和と公正をすべての人に 17. パートナーシップで目標を達成しよう

各国の状況に応じて、一人当たり経済成長率を持続させる」と表記されている。

■SDGsの重要な理念

SDGs においては、「持続可能な開発のための 2030 アジェンダ」に示されている理念が重要である。表2に重要な3つの理念を示す。

「大胆かつ変革的」という理念は、SDGs では達成が容易ではない高い目標を掲げていること、そして目標達成のためには、これまでの取組みをSDGs に関連づけ、漫然と継続するだけでは不十分であることを示している。「誰一人取り残さない」はいわゆる社会的包摂の理念である。一部の強者が成功していくことで平均を引きあげたとしてもそれは SDGs を達成したことにならないこと、弱者が目標を達成することを優先して実施するためには、弱い視点で目標達成の方法を考える必要があることを強調している。「統合され不可分」とは、ある目標の解決が別の目標の解決を阻害するというトレーオフが発生しないようにすること、そしてある目標が別の目標の解決を促進するというようなシナジーを発揮させることを示している。

■「SDGsウオッシュ」と言われないように

SDGs の活用において注意すべきは、SDGs ウオッシュにならないことである。SDGs ウオッシュとは、見せかけだけの SDGs の利用のことを揶揄する表現である。ホワイト・ウオッシュ（漂白）をもじって、見せかけだけの環境配慮がグリーンウオッシュと言われることがあるが、SDGs ウオッシュも同様である。SDGs ウオッシュと言われる例を示す。

・きれいなイラストや言葉で飾って、イメージを訴えるだけで、内容がない。

・これまでの取組みを SDGs のゴールと紐付けて、ラベルを貼ってみせるだけで、新たな行動や取組みを創造していない。

・SDGs への貢献・達成において、取組むべき重要な課題があるにも関

表2 「持続可能な開発のための 2030 アジェンダ」の重要な理念

キーワード	理念の記述
大胆かつ変革的	我々は、人類を貧困の恐怖及び欠乏の専制から解き放ち、地球を癒やし安全にすることを決意している。我々は、世界を持続的かつ強靱（レジリエント）な道筋に移行させるために緊急に必要な、大胆かつ変革的な手段をとることを決意している。
誰一人取り残さない	偉大な共同の旅に乗り出すにあたり、我々は誰一人取り残さないことを誓う。人々の尊厳は基本的なものであるとの認識の下に、目標とターゲットがすべての国、すべての人々及び社会のすべての部分で満たされることを望む。そして我々は、最も遅れているところに第一に手を伸ばすべく努力する。
統合され不可分	これらは、すべての人々の人権を実現し、ジェンダー平等とすべての女性と女児の能力強化を達成することを目指す。これらの目標及びターゲットは、統合され不可分のものであり、持続可能な開発の三側面、すなわち経済、社会及び環境の三側面を調和させるものである。

出典）外務省の仮訳より抜粋

わらず、そのことを明らかにせず、その解決を検討しない。

・課題分析や目標設定に根拠がなく、思い込みで取組みを検討している。例えば、二酸化炭素の排出を半分にするといいつつ、何をして減らすか根拠がない。

・一部の専門家や管理者だけで SDGs が検討され、その根拠や内容を住民あるいは市民が知らず、関係していない。等

■関連するキーワード

サステナビリティ、社会的包摂、トランジション、環境と経済・社会の統合的向上、SDGs未来都市

■さらに調べよう・考えよう

企業や地方自治体における SDGs に関する取組みを調べ、SDGs の重要な理念が十分に反映されているかを考えてみよう。

■参考文献

国連（2015）『我々の世界を変革する：持続可能な開発のための 2030 アジェンダ』（英語・日本語 (外務省仮訳)

https://www.mofa.go.jp/mofaj/files/000101402.pdf

1.1 包括的な規範
プラネタリー・バウンダリー（地球の限界）

作成：一方井誠治

■環境科学者グループによる論文の公表

　2009年、スウェーデンのレジリアスセンターのヨハン・ロックストロームらによる環境科学者のグループが「人類にとっての安全な機能空間」という論文をネイチャー誌に投稿した。これは「地球の安定を保つプロセスとシステムとは何か」を明確にし、次いで「その限界値を定量化する」というきわめて複雑な科学的挑戦に正面から取り組んだものである。

　この論文では、人類に安全な機能空間を与え、その中で私たち人間が健康に暮らし、繁栄することができるための地球の限界、すなわち「プラネタリー・バウンダリー」を明らかにするため、地球の状態を制御しているすべてのシステムとプロセスを洗い出し、地球システムの全体像を精査して証拠を探した。

　その結果、プラネタリー・バウンダリーにかかる9つのプロセスとシステムを見出し、そのうち7つの項目を定量化し、地球の限界値を算出した。また、そのうちの3つの項目ですでに限界値を超えているという結論が出された。なお、2009年の論文については、その後の6年間に徹底的な精査が行われ、改訂論文として2015年のサイエンス誌に掲載されたが、プラネタリー・バウンダリーの基本的な内容は維持された（図参照）。このうち、定量化がまだなされていないのが、新規化学物質と大気エアロゾルの負荷であり、すでに限界値を超えているとされているのが、気候変動、生物圏の一体性、肥料中の燐、土地利用変化の項目である。

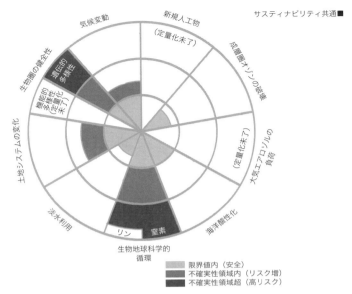

出典）オーエン・ガフニー / ヨハン・ロックストローム著、戸田早紀 訳
「地球の限界」河出書房新社、2022 年の図を基に一方井作成

図　プラネタリー・バウンダリー（地球の限界）

■９つの限界の内容

〈気候システム〉

　気候システムは、海と陸、氷床、大気、そして豊かな生物多様性を結びつける。氷河や極地の氷床に水として閉じ込められる水の量を調節し、海面の上昇と下降を調節する。過去 20 年間に起きた記録的な高温、驚異的な氷の融解、サンゴ礁の死滅、アマゾンの炭素吸収量の減少などを考えると、今後の気温の上昇を産業革命以前と比べて 1.5 度 C とし、もはや引き返せない転換点から安全な距離を取るのが望ましい多くの証拠がある。そのため、地球の限界値としては、大気中の二酸化炭素濃度を約 350ppm に維持することが推奨されるが、二酸化炭素濃度は既に 415ppm に達しており、私たちはすでに危険ゾーンにいる。

〈オゾン層〉

　地球の保護シールドであるオゾン層の破壊は、フロンガスの発明と利用により引き起こされた。そのため、国際社会は 1989 年にモントリオール

議定書を採択しフロンガスの生産や使用の規制を開始した。議定書が効力を発揮した結果、急速に回復し、オゾン層は 2060 年までに完全に回復すると予測されている。

〈海洋〉

　海洋のプラネタリー・バウンダリーは、海洋の酸性化である。海洋が酸性に傾くと石灰化を起こす植物プランクトンやサンゴやカキなどは硬い殻や炭酸カルシウムの骨格を成長させることが難しくなり生態系が壊される。酸性度の限界を表す指標としては、炭酸カルシウムの産業革命以前の飽和度に対し最低 80％とされており、現時点では 84％で限度を超えてはいないが、数値は減少しており酸性化が進んでいる。

〈生物多様性〉

　生物多様性は、人間にとって 2 つの基本的な役割を果たしている。長期にわたって変化に抵抗する能力を地球に与える遺伝的多様性と、生態系の最終的な形とそのすべての機能を決定する生物の構成である。プラネタリー・バウンダリーは 100 万種あたりの年間の絶滅数で最大 10 種と推定されているが、既に年間 100 〜 1000 種で限度を超え、さらに悪化中である。

〈土地〉

　人間はすでに地球の陸地の半分を改変し、森林や湿地を農地や都市に変えている。土地のプラネタリー・バウンダリーは、本来の森林面積に対する残された森林面積で表され、その値は 75％と推定されている。現在の森林面積は 62％ですでにこの値を超えており、さらに減少中である。

〈淡水〉

　淡水のプラネタリー・バウンダリーの観点からの地球全体での利用可能な総量は $4000km^3$ と推定されており、現在の総消費量は $2600km^3$ であり、地球全体でみれば、まだ限界値には達していないが、個々の地域でみれば、すでに多くのケースで地域の利用可能量を超えている。

〈生物地球化学的循環〉

　窒素と燐で作られる肥料の発明は、飢餓の減少に大きく貢献した一方で、

包括的な規範

無秩序にまかれた肥料は、土地、湖、河川、海岸に大規模な汚染を引き起こしている。プラネタリー・バウンダリーの観点から一年間に肥料として土地に投与されたリン酸及び反応性窒素の投与限度量は、それぞれ最大620万トン、6200万トンと推計されたが、現在の投与量は、すでに限界値を大幅に超えており増大中である。

〈新規人工物〉

当初は人類が発明した化学物質が念頭におかれていたが、現在は、核廃棄物、プラスチックなどにも概念が拡大され、さらに人工知能（AI）や遺伝子改変などが持続可能性の観点からのリスクに含まれるとされている。この分野のリスクは定量化されておらず、今後の課題となっている。

〈エアロゾルの変化〉

工業、自動車の排気ガス、家事、化石燃料などによるエアロゾルは、大気汚染につながり、健康被害を引き起こすとともに、その熱吸収、反射により気象パターンや気候システムにも影響を与えている。不確実な要素が多くあり、地球規模の正確な限界値はまだ計算できていない。

■関連するキーワード
強い持続可能性、エコロジカル・フットプリント

■さらに調べよう・考えよう
［1］プラネタリー・ブランダリーは現在も発展中の概念である。最新の情報を調べ、自分自身の考えをまとめてみよう。
［2］自分自身の身のまわりの環境や日常生活で消費する資源や食料などを把握し、どのような環境負荷となっているか調べてみよう。

■参考文献

オーエン・ガフニー、ヨハン・ロックストローム（2022）『地球の限界（原題：Breaking boundaries）』戸田早紀訳、河出書房新社

ケイト・ラワース（2018）『ドーナツ経済学が世界を救う（原題：Doughnut Economics）』黒輪篤嗣訳、河出書房新社

1.1 包括的な規範

弱い持続可能性と強い持続可能性
（ウイークサステナビリティとストロングサステナビリティ）

作成：一方井誠治

■持続可能性とは何か

　弱い持続可能性と強い持続可能性とは何かという問いの前に、そもそも持続可能性とは何か、ということを考える必要がある。この「持続可能性」という言葉と概念が世界に広く共有されるきっかけとなったのは、1992 年に開催された「環境と開発に関する国連会議（UNCED、通称地球サミット）」であった。この会議では、これからは、環境の保全と経済の発展を両立させる必要があり、そのためには「sustainable development 持続可能な開発（発展）」が必要という認識で世界の国々が合意するところとなった。

　その意味では、環境か経済かという対立の構図から、それらの両立を図るという言葉と概念を世界が共有したことは大きな政治的な意味があったといえる。しかしながら、これだけの深刻な対立が「持続可能な開発（発展）」という考え方で合意に至ったということの背景には、この言葉と概念が、双方の論者にとってお互いに自分たちの考えに都合よく解釈をすることができる余地があったという意味での解釈上の曖昧性を有していたことは否めない。

■ブルントラント委員会の定義

　地球サミットで合意された「持続可能な開発（発展）」のベースとなったのが、「環境と開発に関する世界委員会（通称ブルントラント委員会）」が地球サミットに先駆けて 1987 年に発表した報告書「我ら共通の未来」である。この報告書では、「持続可能な開発（発展）」の定義として、「持続可能な開発（発展）とは、未来の世代が自分達の欲求を満たすための能

力を減少させないように、現在の世界の欲求を満たすような開発（発展）
である」と定義された。この定義には、将来の世代が必要とし、その欲求
を満たすための環境や資源等を現代の世代が悪化させ、使い尽くしてはな
らないという思想が含まれている。また、併せて「持続可能な開発（発展）
のためには、大気、水、その他の自然への好ましくない影響を最小限に抑
制し、生態系の全体的な保全を図ることが必要である」というような記述
も加えられている。しかしながら、自然への影響を「最小限に抑制」する
というような曖昧さを残す表現であるため、現実の各種の開発プログラム
に直面したとき、具体的にどこまで開発を進めていいかという限度が見え
てこないという問題点が研究者により指摘されてきた。

■ハーマン・デイリーの3原則

　一方で、この問題に早くから注目し、持続可能な発展の条件を追求した
学者が、米国の経済学者、ハーマン・デイリーである。デイリーは、
1970年代から、環境や資源面などから、このままの経済成長は永遠には
続けられないという認識のもとに、定常経済に関する研究を続け、「持続
可能な発展の3原則」を提唱した。その内容は以下のとおりである。
　① 再生可能な資源の消費の速度が、再生の速度を上回らないこと
　② 再生不可能資源の消費速度は、それに代わる再生可能資源が開発さ
　　 れて代替的に消費される速度を上回らないこと
　③ 汚染物質の排出量、自然による無害化処理能力を上回らないこと
　この原則は、人類が利用している資源を、森林などの再生可能資源と化
石燃料などの非再生可能資源に大きく分類し、②に示されているように、
現在、社会が多く使用している非再生可能資源は、直ちに使用をやめなけ
ればならないわけではないものの、最終的にはそれが再生可能資源に代替
されるべきとの考え方に立っている。また、③で示されているように、人
間の営みから排出される廃棄物や有害物は、自然のなかで受け入れ浄化で
きるペースに限られることを明言している。さらに、すべての前提として、
再生可能資源はそれが再生できるペースでしか使用できないことも示して

いる。

　この原則は、再生可能資源の再生可能な利用を原則としているという意味で、以下に述べる強い持続可能性の考え方に立っており、解釈上の曖昧性も少なく、社会の発展の1つの方向性が明確に示されている。

■弱い持続可能性と強い持続可能性

　このように、持続可能性の考え方は意外と難しく、持続可能性とは何かという問いに対する国際社会での確固とした定義や共通理解はいまだに確立されていないというのが現状である。そのような状況の中、環境経済学では、この「持続可能性」に関して、大きく分けて2つの大きな考え方がある。「弱い持続可能性」と「強い持続可能性」である。

　弱い持続可能性とは、自然資本は人間の福祉の決定要因の1つにすぎず、自然資本はその他の人工資本等で代替可能であるという考え方である。一方で、強い持続可能性とは、人間の経済成長には「最適な規模」があり、自然資本は人間の福祉の究極的な源泉であることから、森や海など自然資本の制約を超えて成長することは不可能であるという考え方である。

　言い換えると、弱い持続可能性の考え方は、人工的な資本が人間によって作られ、それによる満足感や利益が、それまでの自然資本によるものより大きければ、自然資本は人工資本にいくらでも置き換わってかまわないという考え方であり、強い持続可能性の考え方は、人間の生存や福祉といった事項に関して自然が果たす役割を重視し、プラネタリー・バウンダリーという概念で表される一定の限度を超えた自然の破壊や喪失があってはならないという立場であるといえる。なお、自然資本とは、天然資源や環境の浄化機能等を含む自然的構成要素からなる資本のことであり、人工資本とは、原子力発電所や工場など人工的に形成してきた資本のことである。

■2つの考え方の背後にあるもの

　「弱い持続可能性」の考え方の背後には、かつて人間は自然資本に依存しその制約を受けつつその生存を保障されてきたものの、人間による科学

技術等の発展により、今や自然を人間の持つ技術でコントロールすることが可能となり、その制約を超えたとの認識があったように思われる。しかしながらそのことは、かつて自然が保障してきた人間の生存の保障を人間自らが行わなければならなくなったということを意味している。

　一方で、「強い持続可能性」の考え方の背後には、自然環境はあくまで人間の生存や福祉の基盤であり、人間の知識も未だ限られている自然を人間の意のままに改変することに対して大きな懸念を持つという意味で、自然に対する畏敬の念という、人間の自然に対する謙虚な見方があると思われる。

　歴史を振り返ると、人類の発展といわれているものの多くは、基本的に「弱い持続可能性」の考え方にもとづいてきたものと思われる。しかしながら、地球上の人口が激増し、一方で環境や資源の限界が顕在化してきた今日、これまでどおり「弱い持続可能性」の考え方に立つか、「強い持続可能性の考え方に変えていくか真剣に考える必要がある。

■関連するキーワード
サステナビリティ、SDGs、プラネタリー・バウンダリー

■さらに調べよう・考えよう
［1］SDGs 各項目における持続可能性の内容について、弱い持続可能性と強い持続可能性の観点から調べ、その意味を考えてみよう。
［2］デイリーの持続可能な発展の 3 原則を現代社会に適用した場合、どのような社会の変化が必要となるか具体的に考えてみよう。

■参考文献

環境経済・政策学会（2018）『環境経済・政策学辞典』丸善出版
一方井誠治（2018）『コアテキスト環境経済学』新世社
菅原克也編著（2023）『SDGs の基礎』武蔵野大学出版会
大森正之（2020）『持続可能な経済の探究』丸善出版

システム思考

作成：明石修

■システム思考とは

　サステナビリティ学が対象とする環境問題や社会問題は相互につながっている。例えば、CO_2排出を削減するために導入する太陽光発電は、設置場所や規模、設置方法などが適切でない場合には、自然環境や景観の破壊、災害のリスク増加などの問題を引き起こしてしまう。環境問題解決のために良かれと思っておこなう対策が、別の問題を引き起こしたり、後でより大きな問題として返ってきたりする可能性があるのだ。この例が示すように相互につながった環境・社会問題を解決するためには、関連する問題の全体を見て効果的な対策を考える必要がある。そのために役に立つのがシステム思考である。システム思考とは、さまざまな要素のつながりや相互作用を理解することで、望ましい変化を作り出すための思考法である。要素間のつながりを理解することで、問題を生み出している真の原因や問題構造を捉え、それを改善する解決策を考えるのである。

　システムとは、複数の要素がつながり、相互に作用し合い、全体として目的や機能を有する集合体のことである。例えば、さまざまな器官（脳、目、心臓、胃など）が相互作用し、全体として機能する人間の体はシステムといえる。多様な生き物が相互作用し存続する生態系もシステムである。また、さまざまな主体がモノやサービスを生産、交換、消費する経済も、サッカーなどのスポーツのチームもシステムである。システムをうまく機能させるためには、個々の要素だけでなく、要素間のつながりを考える必要がある（優秀な選手をただ並べるだけでは強いサッカーチームにならないのと同じように）。地球環境や社会のサステナビリティを考える際にも、

個別の事柄や技術、制度などについて学ぶことにとどまらず、それらをどうつなぎ機能させるかという視点が重要である。

■根本的な原因を考えるための「氷山モデル」

　問題が発生したとき、多くの場合私たちはその問題をできるだけ早く治める方法を考える。しかし、その対策は症状を抑えることはできても、本質的な問題解決につながらないことがある。それは、その対策が「出来事」に対応するものであるからだ。これは海に浮かぶ氷山に例えられる。問題が起きたときに表面上目に見えている出来事は全体の一部で、その下にはより大きなものがある。例えば、ある年に猛暑（という出来事）が発生したとする。熱中症を防ぐために、クーラーをつけたり、水分補給をしたりという対策はいのちを守るための緊急対策として重要だが、それだけでは本質的な解決にはならない。本質的な解決を考えるには出来事の下にある傾向・パターン（例：熱中症の患者の数、異常気象の頻度、平均気温の変化などの長期的変化）やそれを生み出す構造を把握する必要がある。気候変動の問題で言えば、ものやエネルギーを大量生産、大量消費する経済構造や消費主義的なライフスタイルは問題を引き起こす構造である。それらの問題構造を放置したままで対症療法的な対策をおこなうだけでは、問題の悪化を防ぐことができない。さらに、構造の下にはそれを生み出しているメンタルモデル（人々の意識・無意識レベルでの前提や価値観）がある。例えば、大量生産、大量消

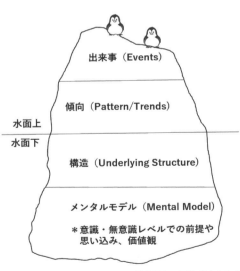

出典）ピーター.M.・センゲ「学習する組織」等より作成

図1　氷山モデル

35

費型の経済や消費主義的なライフスタイルの下には、「経済は大きくなればなるほど良い」、「ものをたくさん所有したり便利になることが豊かさである」という前提があるように思われる。本質的な問題解決には、メンタルモデルや価値観にまでさかのぼって、見直していく必要がある。

■ものごとの構造を見るための「ループ図」

　システム思考では、物事のつながりや構造を捉えるためループ図を描く。ループ図とは、因果関係のある要素間のつながりを矢印で表したものである。本項の初めに挙げた太陽光発電を例にとってみよう。

　図２の実線部分は、気候変動への対策として太陽光発電を導入し、CO_2を削減するループである。しかし、その対策は時に自然環境破壊や災害リスクを高めてしまうのはなぜだろうか。それは見えていないところに点線で表す因果関係が存在しているからだ。太陽光パネル設置のために森林を伐採すれば、土砂災害リスクというあらたな問題が発生したり、CO_2吸収源の減少により本来の目的であるCO_2削減の面でも逆効果になりかねない。このようなことを防ぐためには、太陽光発電にともなう影響を把握し、森林伐採につながらない形でパネルを設置する必要がある。この例は非常にシンプルだが現実社会の問題は多くの要素の因果関係が入り組んでおり、全体像を理解することが難しい場合がある。そのようなときに、ループ図を描くことで全体が理解でき、どのような問題が発生する可能性があるかを事前に把握したり、問題が発生したときに有効な対策を考えたりすることに役立つ。

■小さな力で大きな効果を生む「レバレッジ・ポイント」

　ループ図を描いて、有効な

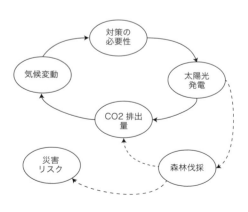

図2　太陽光発電と気候変動、災害リスク

対策を考える際のコツはレバレッジ・ポイントを探すことである。レバレッジ・ポイントとは、てこのように小さな力でシステムを大きく動かすことのできる働きかけのポイントのことである。レバレッジ・ポイントはときに意外なところにある場合がある。例として、ニューヨークの治安改善の事例がある。1980年代のニューヨークの街では殺人や麻薬取引などで治安が悪化していた。その対策としてニューヨーク市は、地下鉄の落書き清掃や無賃乗車の撲滅という対策をおこなった。それらは殺人や重罪犯罪を防ぐ方法としては一見的外れに見えるが、実際におおきな効果を上げた。それは、落書きや無賃乗車などの軽微な犯罪が横行している状態がより深刻な犯罪を起こしやすい雰囲気をつくっていたからだ。重罪犯罪を直接取り締まるのではなく、その呼び水となる軽微な犯罪を撲滅することで重罪を減らすことに成功したのである。このように、適切なレバレッジ・ポイントに働きかけることができれば大きな成果をあげることができる。システム思考ではループ図で問題構造を把握し、レバレッジ・ポイントがどこにあるか、探してみることが大事である。

■関連するキーワード
レジリエンス、トランジション

■さらに調べよう・考えよう
[1] あなたの身のまわりにある問題について、それを引き起こしている構造を、ループ図を描いて把握してみよう。
[2] 描いたループ図を眺め、その問題を解決するレバレッジ・ポイントがどこにあるか考えてみよう。

■参考文献
ドネラ・H・メドウズ，デニス・L・メドウズ（2005）『地球のなおし方　限界を超えた環境を危機から引き戻す知恵』枝廣淳子訳、ダイアモンド社
枝廣淳子・小田理一郎（2007）『なぜあの人の解決策はいつもうまくいくのか？』東洋経済新報社

1.1 包括的な規範
再帰的近代化・エコロジー的近代化

作成：早川公

■近代化

　近代化とは、通信や輸送等のテクノロジーの発達に支えられて、モダニティを地球上のあらゆる社会に浸透させた過程を一般に指す。モダニティとは、16 〜 17 世紀を基点にヨーロッパで形成された社会と人間のあり様を説明する概念であり、それは特定の社会構造（例：国民国家、資本主義）や技術革新（例：蒸気機関の発明、エネルギー革命、高速演算装置、活版印刷技術やインターネットの発達など）、あるいは文化的想像力（例：科学的合理的価値観やキリスト教の信仰）の形態を意味する（早川 2018）。

　近代化は地球上のあまねく地域で展開し、富の総体的な反映をもたらした一方で、今日のグローバルアジェンダとなっている気候変動や社会的格差の増大などを引き起こした。現代社会の変革は、かつて信じられていた、右肩上がりに単線的に発展する世界観を見直すところからはじまっている。

■エコロジー的近代化

　この単線的近代化の見直しの 1 つの動きが、エコロジー的近代化である。この概念は、1980 年代初頭に M. イェニッケらによって提唱され、環境問題を近代化と対立するものとして扱わず、「市場経済のもとで環境により優しい技術発展のための長期的な要請と、近代化（革新）への取り組みは結びつけられるべきである」（吉田 2003:197）という前提に立つ（→環境と経済の統合的発展）。つまりエコロジー的近代化の特質は、技術革新に基づいて環境に配慮した生産・消費手段の開発や、それを推進するために国家や行政が適切に介入する必要性を主張した点にある。

■再帰的近代化

エコロジー的近代化は環境問題に焦点を当てた近代化の理論であったが、その議論と並行しつつより包括的にモダニティのさらなる展開として示したのが社会学者 A. ギデンズを中心とする再帰的近代化の議論である。その特徴は、現代社会をモダニティから別の原理への移行ではなく、モダニティの徹底化の過程として捉える点にある。それは、「創造的（自己）破壊」や「自己との対決」とも表現されるように、モダニティが成立する諸条件を省察しながら変容することを意味する。そしてギデンズは、再帰性の特性として以下の 3 点を挙げる（ギデンズ 1993）。

① 時間と空間の分離：「いつ」と「どこ」が自然界の周期や特定の空間との結びつきから離れること。例）時計による「標準時間」の発明

②「脱埋め込み」メカニズムの進展：ある活動が埋め込まれた特定の文脈から切り離されて再構築されること。例）「伝統」はそれだけ信頼されるものではなくなり、合理性や感情との関係で捉え直される

③ 知識の再帰的な適用：人びとが知識を通じて自身の社会生活を対象化すること。例）経済学の概念が恋愛の文脈にも適用される

たえず自己の依拠する認識枠組みや社会的条件を省察するという再帰的近代化論は、科学技術や知識の増大、それに基づく政治や制度から意図せざる（こぼれ落ちる）ものが出現する点の重要性を照らし出す。社会学者 U. ベックは、社会において何が危険（リスク）かという問題は科学的に確定できず、認知的・社会的に構築されるものであることを現代社会の特徴として早くから指摘している（→リスク管理）。このことは、エネルギーとしての原子力やコロナ禍におけるマスクの着用等をめぐる現実の対立をみれば、決して「遠い」議論ではないことがわかるだろう。

■再帰的プロジェクトとしての「じぶん」

この観点から現代世界をみると、環境問題に限らず、多くの社会的事象が再帰性の産物であることが見えてくる。例えば、2008 年のリーマンショックも、デリバティブ市場という「リスク」の切り売りによって生じた

ものである。私たちは、個人の生活機会がグローバルな資本主義経済に直接に結びつけられる世界に生きている。現代社会に生きるとは、つねに新たな情報にさらされる中で、アイデンティティを構築するための物語（ナラティヴ）を引き受けることであり、ギデンズはこのことを「自己の再帰的プロジェクト」と呼んだ（ギデンズ 2021）。つまり、「じぶん」とは無条件に存在するものではなく、累積的な出来事を通じて社会にちらばるモノや概念の配置を参照しながら、それを再編集する企てであると言える。つまり「じぶん」とは不変の実体ではなく、螺旋的につくり変えるものなのだ。

　本書を手に取ったあなたは、これからのサステナビリティを考えるために、（すでに）つねに再帰的であることを要求される。買い物にエコバッグを持参するかレジ袋を購入するか、環境や生産に配慮した企業から商品を購入するか、どんな仕事に就き、どこに住むか、エネルギーはどうするか、結婚はするのか、自治会等のコミュニティとどう付き合うか…etc、身近なライフステージにおける選択を挙げただけでも本書のキーワードと重なってくることがわかるだろう。

■これからの再帰的近代化論の課題
　この理論は、先行研究選択の恣意性や実証性の乏しさが指摘されている。加えて、メディアや自然リスクの影響が過小評価であるという点について

個人の生活機会はグローバルな資本主義経済に結びつけられ、人びとは選択の困難を引き受けながら自己を再帰的に創りだす。

社会

社会は単線的な発展ではなく、生じたリスクを省察しながら螺旋的に変容していく。

じぶん

図　個人と社会の再帰性

は、ポピュリズム政党が各国で台頭し、陰謀論が人口の一部に受容され、地震や感染症が世界を揺さぶる今日の実態に照らすと大いに検討の余地がある。この点はギデンズ (2021) の訳者解題も併せて参照してほしい。

　これからの課題として指摘できるのは2点挙げられる。第1に、再帰的近代化論を批判的に継承し、それを社会認識の枠組みとして磨いていくこと、そして第2に、再帰性を軸に据えた社会変革の実践の理論を立ち上げていくことである（→リジェネレーション）。この両面を並行あるいは連関させて進めていくことがサステナビリティ研究の鍵である。

■関連するキーワード

人新世、環境と経済の統合的発展、リスク管理、リジェネレーション

■さらに調べよう・考えよう

[1] エコロジー的近代化の「相対的成功例」とされる 1990 年代のドイツの環境政策を調べ、現代に通じる有効性を考えてみよう。

[2] 再帰的プロジェクトの「じぶん」について考えてみよう。あなたの好きなもの（食べ物、衣服、趣味など）はグローバル社会や理念（SDGs）とどう結びついているか省察し、描写してみよう。

■参考文献

Giddens, A. (1991). *The consequences of modernity*. Polity Press. (松尾精文・小幡正敏訳『近代とはいかなる時代か？―モダニティの帰結』而立書房 , 1993)

――(1991). *Modernity and Self-identity: Self and society in the modern age*. Stanford, CA. (秋吉美都・安藤太郎・筒井淳也訳『モダニティと自己アイデンティティ 後期近代における自己と社会』ちくま学芸文庫 , 2021)

早川公 (2018)『まちづくりのエスノグラフィ ――《つくば》を織り合わせる人類学的実践』春風社

吉田文和 (2003)「第 7 章　環境と科学・技術」、寺西俊一・細田衛士編『岩波講座環境経済・政策学第 5 巻環境保全への政策統合』岩波書店

1.1 包括的な規範
環境と経済・社会の統合的向上

作成：白井信雄

■環境と経済・社会の統合的向上

　この考え方は、2000年代以降の国の環境基本計画において、繰り返し示されてきた。初出は第3次環境基本計画（2006年）であるが、それを第4次、第5次の計画において、継承し、より強調してきている。

　第4次環境基本計画（2012年）においては、「環境的側面、経済的側面、社会的側面が複雑に関わっている現代において、健全で恵み豊かな環境を継承していくためには、社会経済システムに環境配慮が織り込まれ、環境的側面から持続可能であると同時に、経済、社会の側面についても健全で持続的である必要がある。」として、第3次環境基本計画の考え方を引き続き、進めていくとした。

　第5次環境基本計画（2018年）は上記の記述を再掲するとともに、さらに「持続可能な社会を実現するため、環境的側面、経済的側面、社会的側面を統合的に向上させることが必要であり、環境保全を犠牲にした経済・社会の発展も、経済・社会を犠牲にした環境保全ももはや成立し得ず、これらをＷｉｎ－Ｗｉｎの関係で発展させていくことを模索していく必要がある。」と強調している。

■環境と経済の対立関係から統合関係へ

　環境や生命への配慮に欠けたまま、経済成長を追求した結果、激甚な健康障害をもたらす問題として発生したのが戦後の高度経済成長期における公害問題であった。しかし、1970年代の公害対策や2度にわたる石油危機を経て、環境規制への対応が企業の競争力を高めるという経験をしたこ

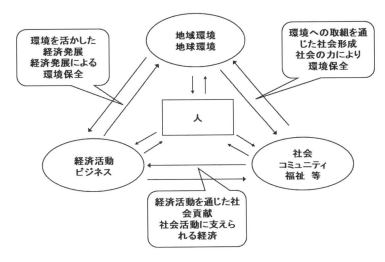

図　環境・経済・社会の統合的向上のイメージ

とで、環境と経済は対立関係にあるだけでなく、環境ビジネスという統合的向上の方向性があることが見いだされた。その後、気候変動等の環境対策に対する投資による経済成長（グリーン成長、グリーンニューディール）という政策が打ち出されるようになった。

　さらに、経済面のみならず、少子高齢化、コミュニティの希薄化、格差や不平等の問題がますます深刻になるなかで、社会面を加えて、3側面の統合的向上が必要だとする方向性が示されてきた。

■関連するキーワード
エコロジー的近代化、環境と経済のデカップリング、グリーン成長、コベネフィット、環境・経済・社会の問題の同時解決

■参考文献

閣議決定（2006年）『第3次環境基本計画』、同（2012年）『第4次環境基本計画』、同（2018年）『第5次環境基本計画』

1.2 社会面の規範
ウェルビーイング

作成：白井信雄

■ウェルビーイングとは

　ウェルビーイングという言葉は「幸福」や「豊かさ」に置き換えることもできる。行政による政策、企業活動、まちづくり、私たちの人生の目標とも関連する概念である。ウェルビーイングの議論は今もなお活発であるが、時をさかのぼると、世界保健機構（1946）が、ウェルビーイングとは「病気ではないとか、弱っていないということではなく、肉体的にも、精神的にも、そして社会的にも、すべてが満たされた状態にある」ことと記している。

　今日では、福祉の分野においても、ウェルビーイングが重要な考え方になっている。すなわち、基本的人権が損なわれることがないように社会的弱者を救う福祉（ウェルフェア）から、あらゆる人々の自律的な活動や社会への関与、自己実現を通じた福祉（ウェルビーイング）へと範囲や目標が変化している。社会的包摂においても、あらゆる人々がウェルフェアのみならず、ウェルビーイングの観点においても取りこぼされないようにすることが求められる。

■ウェルビーイングの側面と規定要因

　一人ひとりの個人のウェルビーイングと社会のウェルビーイングを区別して考えなければならない。個人のウェルビーイングは価値観や状況、発達段階によって異なるものであり、第三者がこうあらなければならないと押しつけるものではない。幸福のカタチは様々だからだ。

　これに対して、社会のウェルビーイングは、個人が求めるウェルビーイ

表 ウェルビーイングの一般的事項

観点	分類や要因		出典
機能側面	医学的ウェルビーイング	・心身の機能が健全な状態にある	渡邊・ドミニク (2020)
	快楽主義的ウェルビーイング	・主観的な感情として、気分がよく、快適である	
	持続的ウェルビーイング	・心身の潜在能力を発揮し、活き活きとしている	
要因	ポジティブ感情 Positive Emotions	・希望、興味、喜び、愛、思いやり、誇り、感謝等	マーティング・セリングマン (2014)
	没頭する体験 Engagement	・今この瞬間に生き、目の前のタスクに完全に集中	
	良好な人間関係 Relationships	・他者からサポートされ、愛され、評価されている	
	人生の意味や意義 Meaning	・大きなものに所属、または、何かに奉仕する	
	達成感 Achievement	・目標に向かって努力し、達成した結果やプロセス	

ングを実現できる条件を備えることであり、個人のウェルビーイングの追求が他の人のウェルビーイングを阻害したり、剥奪することがないように整備されていることを示す。

　個人のウェルビーイングが多様だとはいえ、社会のウェルビーイングを考えるうえで、個人のウェルビーイングに共通する一般的な事項を整理しておくことは必要である。表にウェルビーイングの異なる側面やウェルビーイングを規定する主な要因をまとめた。

■関連するキーワード
ウエルフェア、ポジティブ心理学、社会関係資本

■参考文献
世界保健機構（1946）『世界保健機関憲章』
渡邊淳司・ドミニクチェン（2020）『私たちのウェルビーイングをつくりあうために―その思想、実践、技術』ビー・エヌ・エヌ新社
マーティン・セリングマン（2014）「ポジティブ心理学の挑戦 "幸福" から "持続的幸福" へ」ディスカヴァー・トゥエンティワン

社会面の規範

1.2 社会面の規範
コンヴィヴィアリティ
（自立共生）

作成：長岡素彦

■コンヴィヴィアリティの定義と多様な意味

　コンヴィヴィアリティ（Conviviality：自立共生）とは、イヴァン・イリイチ（イリッチ）により定義された概念で、コンヴィヴィアル、共に（con）生きる（vivial）からきており、「相互依存のうちに実現された個的自由」のことである。つまり、個人として自らを律し自立していると同時に、相互に支え合っている共生を意味する。

　コンヴィヴィアリティは自立共生のあり方を示している。この自立共生のあり方にイリイチは、表に示すような多様な意味をもたせている。

　コンヴィヴィアリティは社会や人の基本的な方向をこのように定義して、「コンヴィヴィアリティのためのツール」によって実現するとしている。この「コンヴィヴィアリティのためのツール」は「合理的に考案された工夫すべて」であり、単に「道具」だけでなく「制度」、「システム」、「組織」、「科学技術」なども含まれている。つまり、「コンヴィヴィアリティのためのツール」は個人として自らを律し自立していると同時に相互に支え合っている自由の共生を実現する「道具」、「制度」、「科学技術」等である。

　また、物、技術や制度等のツールが発達したことにより、人はそのツールに順応し支配され、物により自由をも制限される部分がある。

　このようなツールの限界を明らかにし、人々が生き生きと創造的な仕事をするためのツール、人間をそのツールに使われてしまうことのないツールで自由を生むツールが「コンヴィヴィアリティのためのツール」である。「人々は物を手に入れる必要があるだけではない。彼らは何よりも、暮らしを可能にしてくれる物を作り出す自由、それに自分の好みにしたがって

46

表1　コンヴィヴィアリティの多様な意味

1.技術と社会の自立共生	技術や社会が中央集権やヒエラルキーを強化する技術を極力避けるようなあり方。技術の否定ではなく、利益や利便性優先ではない技術や社会のあり方。
2.人が共有しあう自立共生	社会で独占や排除ではなく、コモンズ(共有、共有地)を維持・発展させるようなつながりのあり方。
3.サブシスタンス(共存)	環境を利益や利便性ではなく、人(生態)が自らの「サブシスタンス(生存)」のために環境を利用することが許されるとするあり方。
4.質素な、つましい	暮らし・食事など全般が質素、つましいあり方。これをイリッチは"frugal"であると形容している。
5.生き生きとした	共に歓びをもって生きるあり方。
6.祝祭的	「祝祭的」は単なる一時的な祭りの盛り上がりではなく、コモンズでの絆や市を成り立たせるつながりなど一時的ではない継続した楽しい(愉)あり方。

形を与える自由、他人をかまったりせわしたりするのにそれを用いる自由を必要とするのだ。」(コンヴィヴィアリティのための道具 ,P39)

■サステナブルであるためのコンヴィヴィアリティ

　サステナブルであるためには、個人として自律的に自立している必要があり、同時に相互に支え合っている必要もある。

　社会や生態系のために個人や個的自由を犠牲にしたり、また、個人のために社会や生態系を犠牲にしたりすれば、それはサステナブル・持続可能にはならない。

　しかし、この「コンヴィヴィアリティ」とは真逆の「産業主義的な生産性」を基準とした現在の産業社会では社会や生態系も個的自由も犠牲にし、そういう制度や道具によって持続不可能な世界と地域を生み出している。

　これを変え、サステナビリティを高める転換をはかるためには、産業社会の「産業的ツール」(制度・道具)を「コンヴィヴィアリティのためのツール」(制度・道具)に変えなくてはならない。「コンヴィヴィアリティのためのツール」(制度・道具)とは、利益や既存の体制維持のための制度や技術ではなく「相互依存のうちに実現された個的自由」やサステナビ

リティのための制度や技術である。つまり、「コンヴィヴィアリティのための
ツール」（制度・道具）は、社会や生態系も個的自由も犠牲にして成
り立つ技術によって作られる物やサービス、制度から、つまり、社会や人
の基本的な方向としての産業化ではないオルタナティブな技術によって作
られる物やサービス、オルタナティブな制度によるコンヴィヴィアルな社
会や人の基本的な方向、コンヴィヴィアルな様式（スタイル）、制度（制
度の限界設定）や組織（レジーム）、構造（システム）を構築する。

　例えば、児童労働によって作られた商品は、利益や「産業主義的な生産
性」のために個的自由を犠牲にして作られる物であるため、児童労働とい
う仕組みを「コンヴィヴィアリティのためのツール」（制度・道具）を用
いて個人や社会を犠牲にしない仕組みに変えなければならない。

　また、河川等の汚染の原因となる石油系合成洗剤に対して環境にいい植
物由来のパームオイル洗剤も、利益や「産業主義的な生産性」によって原
料生産のための巨大農園開発による森林破壊や食糧生産への圧迫、強制労
働による人権侵害がある場合は、巨大農園開発、強制労働などの仕組みを
「コンヴィヴィアリティのためのツール」（制度・道具）を用いて、個人や

表2　産業社会とコンヴィヴィアルな社会

社　会	産業社会	コンヴィヴィアルな社会
仕組み	個的自由や社会や生態系を犠牲にする仕組み	個的自由や社会や生態系を犠牲にしない仕組み
様式 （スタイル）	産業的様式（産業的生産様式）	コンヴィヴィアルな様式（自律協働様式）
必要性	ニーズ(needs)	必要(necessity)
ツール	産業的ツール 「道具」、「制度」、「科学技術」等	コンヴィヴィアリティのためのツール 「道具」、「制度」、「科学技術」等
モード	学校化した社会 (Schooling Society) 医療化した社会etc	脱学校化した社会 (Deschooling Society) 脱医療化した社会etc
価　値	産業的価値	固有の価値(Vernacular value)

社会面の規範

社会や生態系を犠牲にしない仕組みに変える必要がある。

■コンヴィヴィアリティがなぜ必要なのか

　既成の社会や人の基本的な方向、枠組み（パラダイム）、様式（スタイル）、制度や組織（レジーム）、構造（システム）、社会の潮流（トレンド）等を変えサステナビリティを高める転換をはかるためには、社会や人の基本的な方向性とその実現のための道具・制度・技術などが必要であり、これによって従来の社会、制度・法律、経済をサステナビリティのあるものとして構想・構築できる。この転換をはかるための社会や人の基本的な方向性がコンヴィヴィアリティである。コンヴィヴィアリティにより、従来どおりのやり方・考え方では対応できないことに対応しサステナビリティのある社会を構想・構築できる。また、既成の社会（制度・法律）や経済等が個的自由や社会や生態系を犠牲にする制度や技術による仕組みもあるので、これを個人や社会、生態系を犠牲にしない仕組みに変えるために「コンヴィヴィアリティのためのツール」（制度や道具）が必要である。

■関連するキーワード
オルタナティブ、ニーズ（needs）、必要（necessity）、ツール、様式（スタイル）、制度や組織（レジーム）、構造（システム）

■さらに調べよう・考えよう
[1] 社会（制度・法律）におけるコンヴィヴィアリティの役割を、その前提や根拠も調べて、考えてみよう。
[2] 自分自身にとってのコンヴィヴィアリティとは何か考えてみよう。

■参考文献
イヴァン・イリイチ（2015）『コンヴィヴィアリティのための道具』筑摩書房
イヴァン・イリイチ（1982）『シャドウ・ワーク―生活のあり方を問う』岩波書店
イヴァン・イリイチ（1977）『脱学校の社会』東京創元社

1.2 社会的包摂
社会面の規範

作成：白井信雄

■社会的包摂とは

　人は社会との関わりの中で、衣食住を確保し、学習や労働を行い、生をつなぎ、充足を得ていく。社会との関わりから排除される（社会的排除がなされる）と、孤立やいじめ、ひきこもり、暴力や虐待、不安定就労、摩擦（トラブル）、貧困、精神疾患、自殺等のリスクが高まる。

　こうした問題が深刻化する中で、提案され、社会保障や福祉の政策の検討課題となってきた考え方が社会的包摂である。社会的包摂とは、社会的弱者も含めて、誰もが社会との関わりを持てるように、社会的に全体を包み込むことである。

　日本学術会議（2014）の提言では、社会的包摂の必要性として、「経済のグローバル化、雇用の不安定化、地域・家族の紐帯の弱体化等の経済社会の構造変化の中で、社会的に孤立し生活困難に陥るという新たなリスクが高まっている」とし、「人口減少下において、経済・社会の機能の維持・発展のために国民一人ひとりが貴重なメンバー」であり、「それぞれが潜在的な能力をできる限り発揮できる環境を整備することが必要である」と指摘している。

■社会的排除とは

　社会的包摂とは、社会的排除の反対語である。社会的排除は1980年代以降、低成長時代に入るなかで、失業と不安定な雇用が拡大し、若者の失業問題が深刻となった中で、社会保障や福祉のあり方を見直す考え方として生まれてきた。

　日本では 2000 年以降、社会的排除の実態調査が進められてきた。諸外国では失業が社会的排除の大きな要因となっているが、日本の場合は就労をしていてもワーキングプアや不安定雇用の問題が強くあることが特徴だとされる。

　内閣官房社会的包摂推進室（2012）では、社会的排除を受けている人として、ホームレス（住居からの排除）、非正規就労者（就労からの排除）、生活保護受給者（貧困）、シングル・マザー（機会からの排除）、薬物・アルコール依存症（機会からの排除）、自殺者（生からの排除）等を調査し、その実態を明らかにしている。

　　社会的排除の実態として問題となるのは、リスクが連鎖し、重層化して多次元のものとなることである（図1）。リスクの連鎖を断ち切るためには、個別のリスクに対応するだけでなく、教育、労働、福祉、医療、住宅等の行政分野が連携し、一体となった支援を展開することが必要となる。

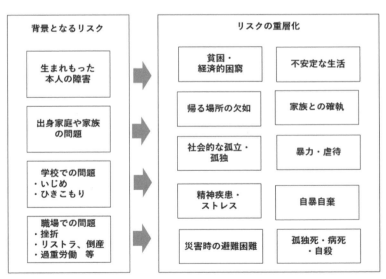

出典）内閣官房社会的包摂推進室（2012）をもとに筆者作成

図1　社会的排除によるリスクの連鎖

■地域における社会的包摂

　社会的包摂を実現するためには、国や地方自治体、公益法人等による福祉の仕組みづくりとともに、地域におけるきめ細かい取組みが重要である。図2は厚生労働省が描き、推進している「地域共生社会」に向けた支援施策のイメージ図である。

　この施策において、3点が重要である。第1に、自分だけでなく、家族や身近な人が誰もが、障害を持ったり、失業やトラブルにあう可能性があることを考え、問題を「自分事」として捉え、相互に支え合う関係をつくることである。

　第2に、社会的排除の問題は多岐にわたり、相互に絡み合っていることから、地域内の福祉関連の団体だけでなく、まちおこしや産業、防犯、社会教育、学校教育等の多分野における企業やNPO等と一体となって取組みが求められる。

　第3に、地域内の多分野の取組みを支援し、また制度的な専門性を持ったコーディネーターを市町村等の行政側で確保することが必要である。

■環境問題と社会的排除

　社会的排除の問題は、経済問題や環境問題とも関連する。経済問題との関係は双方向である。経済の不安定さが失業や貧困の問題を招き、排除されてしまっている人々の参画がなければ経済活動もおぼつかないからである。

　環境問題と社会的排除の問題も双方向に関連する。深刻な環境問題が被害者と社会との関係を分断した出来事はこれまでも多くある。例えば、水俣病においては、企業城下町において地域社会を分断する状況が生じた。原因が不確定な状況で、水俣病は「伝染病」として扱われ、社会とのつながりを断たざるを得ない状況になった。また、同じ住民でありながらも原因者である企業関係者と被害者住民が生じ、同じ患者であっても症状の程度によって補償金の違いから対立関係が生じることがあった。

　一方、環境問題の解決と社会的包摂の同時解決の事例として、リサイク

地域における他分野の活動との連携
　まちおこし、産業、農林水産、土木、防犯・防災、環境、社会教育、交通、都市計画

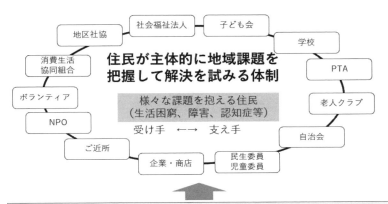

出典)厚生労働省の資料より作成

図2　「地域共生社会」の実現に向けた地域づくり

ル事業における障害者雇用等がある。また、経済効率を追求することで環境問題や社会的排除の問題が生じていることを考えなければならない。

■関連するキーワード
社会的排除、貧困、孤立化、無縁社会、孤族、福祉、ウエルフェア、ノーマライゼーション、ウエルビーイング

■さらに調べよう・考えよう
社会的包摂に関する身近な地域での取組みを調べてみよう。

■参考文献

日本学術会議（2014）「提言　社会的包摂：レジリエントな社会のための政策」
内閣官房社会的包摂推進室（2012）「社会的排除にいたるプロセス～若者ケーススタディから見る排除の過程～」

1.2 社会面の規範
作成：大倉 茂

公正・公平

■人種・ジェンダー・地域における格差

　現代社会には、さまざまな格差がある。たとえば、2019年からグローバルなパンデミックを引き起こしたCovid-19は、現代社会における健康格差をわれわれに突きつけた。ワクチン接種は先進国が先行し、そして社会インフラが整っていない国や地域にはワクチンが行き届かない状況は、健康への権利を享受できる人々とそれを享受できない人々との間に格差が存在することを理解するのに十分である。そして、われわれはこういった格差を目の前に公正・公平な社会を目指そうとする。このように、公正・公平は、格差に対してそれを是正したさきにある理念として理解できる。言い換えると、格差がまずあって、その応答として公正・公平が求められるわけである。したがって、まずは現代社会において、先に紹介した健康格差以外に、どのような格差があるのかから見ていこう。

　1960・70年代はさまざまな社会運動が台頭した。そういった社会運動では、さまざまな格差も取り沙汰された。ウーマンリブ運動としてジェンダー格差が、公民権運動として人種格差が取り沙汰された。現代社会におけるジェンダー格差は複雑な様相を呈しているが、ジェンダー間で就ける職業に格差があり、それをもとに性別役割分業が固定化されていることを問題視し、そういったジェンダー格差を是正し、公正・公平に扱おうと社会は徐々に変化してきている。他方で、人種格差も当初公民権運動としてアメリカ（合衆国）で大きな社会運動として展開されたが、現代社会においても大きく言えばアフリカ系、アジア系、ヒスパニック系はグローバルな社会において劣位に置かれ、その格差是正が求められている。

図　本項で扱ったさまざまな格差や差別

　もう1つ忘れてはいけないのが地域格差である。南北問題として、豊かな北側諸国と、貧しい南側諸国の間の格差は長く論じられ続けている。昨今は、北側諸国と南側諸国は、グローバル・ノースとグローバル・サウスとして読み替えられてはいるものの、その構図は変わってはいない。グローバル・ノースには旧宗主国が、グローバル・サウスは旧植民地が配置されていて、歴史的に支配・被支配の関係があり、その支配・被支配の関係を取り除くには至っていない。グローバルな地域格差は、他の格差と同様に、単に格差があるというだけでなく、そこに権力勾配があることも見逃してはならない。格差の背景には、支配する側と支配される側という権力勾配がある。さらに、地域格差はグローバルな格差だけではない。国内の地域格差も存在する。たとえば、毎年最低賃金の見直しがされるが、近年東京都と沖縄県では、時間額で200円をこえる差がある。他にも、アメリカ軍基地や原子力発電所の立地地域の偏りなど国内の地域格差を示している事例はあまたある。

■種差別
　はたまた、意外に思われるかもしれないが、公正・公平をめぐっては、人間と動物の関係においても議論されている。昨今、動物福祉やヴィーガニズムが話題になっている。その背景には動物倫理、もっと言えば動物解放論としてまとめうる考え方がある。これまた1960・70年代に、動物権

利運動が台頭した。その社会運動の考え方の中心の1つに種差別という考え方がある。動物にも権利があって、その権利を種の違いを根拠に認めないということは、種差別であるとされる。動物も痛みを感じるのであれば、動物の痛みを無視して、合理的な理由なしに動物を利用し続けることは、不公正・不公平であると考える。

　このように公正・公平は、もはや人間の間だけの問題ではなく、動物を含んだ大きな問題である。

■公正としての正義

　こういった格差を是正し、公正・公平な社会を目指そうという議論を正義論と呼ぶ。正義というと、正義と悪を対置させて「正義は勝つ」と言われたり、あるいはフェミニズムやケアをめぐる議論のなかではケアに対置されるものとして正義が語られたりするが、本項目で取り扱う正義は、公正としての正義である。そしてもう1つ大切なのは、本項目で取り扱う正義は、目指すべき社会像でもあるということである。

　正義論自体は、古代ギリシアのプラトンやアリストテレスにまで遡ることができるが、現在論じられている正義論はジョン・ロールズ（1921–2002）によって著された『正義論』（1971年）に端を発すると言える。ロールズの正義は、公正としての正義であり、格差是正を前面に押し出した。特にここで強調しておきたいのは、ロールズは、「真理が思想の体系にとって第一の徳であるように、正義は社会の諸制度にとっての第一の徳である」（ロールズ 2010：p.6、著者が訳し直している箇所がある）と正義を規定しており、社会の諸制度にとっての正義であることを強調している。さらに「正義の第一義的な主題をなすものとは、〈社会の基礎構造〉なのである。あるいはより正確に言えば、主要な社会制度が基本的な権利と義務を分配し、社会的協同が生み出した相対的利益の分割を決定する方式である」（ロールズ 2010：pp.10–11）。あくまで、ここでいう正義は社会の規範であり、正義を問うと言うことは、どのような社会を目指すべきかということを問うことなのである。

社会面の規範

■グローバル・ジャスティス運動

　格差がグローバルに共有された大きな課題であることはここまで述べてきた通りでもあり、また、ご存じの通りである。そして、同時に正義を旗印にした社会運動は、大きく盛り上がり、現代社会の大きなうねりとなっている。現代社会のように、格差を拡大再生産するグローバル化に対抗する諸運動をグローバル・ジャスティス運動と称することもある。ただグローバル・ジャスティス運動を単に反グローバル化、反グローバリズムの運動と理解すべきではない。そのように理解してしまうと、狭隘な自国中心主義に陥ってしまう危険性もある。あくまで格差を拡大再生産してしまうようなグローバル化に対抗し、正義にかなった、すなわち公正・公平なグローバル社会を構想すべきではないだろうか。

■関連するキーワード
環境正義、ジェンダー、フェミニズム

■さらに調べよう・考えよう
[1] 身近なところで格差はないだろうか。家族、友人、学校や職場など身近なところで格差がないかを調べて、考えてみよう。

[2] 環境問題をはじめとして現代社会にはさまざまな問題がある。それでは、われわれにとって望ましい社会とはどのような社会だろうかということを考えてみよう。

■参考文献
宇佐美誠, 児玉聡, 井上彰, 松元雅和（2019）『正義論：ベーシックからフロンティアまで』法律文化社

ジョン・ロールズ（2010）『正義論〔改訂版〕』（川本隆史, 福間聡, 神島裕子訳）紀伊国屋書店

1.2 社会面の規範
環境正義

作成：大倉 茂

■環境正義

　NIMBY問題をご存じだろうか。Not in my back yard.「私の裏庭はやめてくれ」とでも訳せようか。たとえば、日常的に日々の生活をしていれば、ゴミは出て、そしてその処分が必要である。特に都市生活では、個別にゴミを処分するのは難しいから、自治体などの単位でゴミ処理場を造る。ここまでは誰もが納得できるが、どこにゴミ処理場を造るかとなると、誰もが「私の裏庭はやめてくれ」と言い始める。このように、その施設の重要性はわかるが、それを居住地域内に建てることは承服できないという問題をNIMBY問題という。しばしばNIMBY問題の対象となる施設は、社会的に弱い立場の人々が住まう地域に立地される。その結果、そのような人々に、環境被害が集中する。すなわち、社会的な格差がそのまま環境被害の格差として反映される。NIMBY問題の対象となる施設による恩恵は、すべての人々が享受するものの、その損害は社会的に弱い立場の人々に集中する。つまり、受益者と受苦者の間に不公正・不公平がある。この受益者と受苦者の間の不公正・不公平の是正を求めるのが、環境正義である。

　環境正義は、草の根環境運動のなかで練り上げられていった考え方であることは、環境正義を理解する上で極めて重要である。アメリカにおいて、1962年にレイチェル・カーソン『沈黙の春』による告発もあって、環境問題への関心が高まり、環境運動は大きく盛り上がった。そのような社会のうねりのなかで、有害廃棄物処理場が有色人種が住む地域に立地され、健康被害が出ていることが社会問題化し、市民たちによる草の根社会運動が立ち上がっていった。有色人種に環境被害がかたよって出てくることは、

さきに述べたように、社会の格差をそのまま反映している。特に、アメリカでは、人種差別という格差を前提としており、人種差別が環境格差につながっていることを「環境レイシズム」と呼んでいる。この環境レイシズムに対抗する概念が、環境正義であり、環境レイシズムに対抗する社会運動を環境正義運動と呼んでいる。このように環境正義は、社会運動、特に草の根社会運動と連動した概念であることは強調しておきたい。

■気候正義、エネルギー正義

　環境正義、ないし環境正義運動は、環境危機がグローバルな課題として広く認知されるにしたがって、当初公害といったローカルな環境問題を前提としたが、グローバルな環境問題を前提としていくこととなった。特に、気候変動を前提とした環境正義は、気候正義と呼ばれている。もちろん気候正義も、気候変動にかかわって、受益者と受苦者の間の不公正・不公平の是正を求める議論を展開している。昨今、環境正義、気候正義につづいて議論の俎上に載せられているエネルギー正義も同様で、エネルギーにかかわる受益者と受苦者の間の、不公正・不公平の是正を求める。

　気候正義やエネルギー正義は、若い世代による環境運動において旗印になっていることも大きな特徴であると言えるだろう。特に、この若い世代による環境運動において受益者と受苦者の間に、世代間の問題が取り上げられていることも特徴的である。日本ではしばしば世代間倫理として理解されているが、世代間の正義は世代間正義として環境問題をめぐってある種古典的な議論として展開されてきた。その流れを踏まえて、これまで浪費型の生活を享受してきた「大人」と環境危機のなかで我慢を強いられる「若者」の間で、受益者と受苦者の関係を見いだし、その不公正・不公平の是正を求める世代間正義の問題を環境正義、ないし気候正義の議論に持ち込んでいることは、昨今の若い世代による環境運動の特徴であろう。

　不幸にも環境危機が多様に展開している現代社会においては、気候正義やエネルギー正義などのように環境正義につらなって、「○○正義」という新しい概念が登場することになるだろうが、受益者と受苦者の間の不公

図 環境正義にかかわるさまざまな正義

正・不公平の是正を求めるという点は受け継がれていくだろう。

■公害と環境正義

　環境正義は、environmental justice の訳語として 1990 年前後に日本の環境問題の研究者のなかに取り入れられていった。当初、環境公正や環境的公正などさまざまな訳語が当てられたが、環境正義に落ち着いた。このあたりの経緯を考えても、環境正義は、公正・公平といった概念と深く結びついていることが理解できよう。

　しかしながら、環境正義という言葉こそなかったが、環境正義的関心は、日本の公害研究の先駆的研究のなかにも見出すことができる。日本社会に「公害」という言葉を定着させる契機になった庄司光、宮本憲一による『恐るべき公害』(1964 年) にも環境被害の不公平さはすでに強調されている。たとえば、経済学者として著名な宇沢弘文はその著書『自動車の社会的費用』(1974 年) において「公害問題についても、その被害は健康の損失、ときとしては生命の喪失、生活環境の悪化など一般に不可逆的な性質をもつものであることと、低所得者層に対してより大きな被害を与える傾向をもち、実質的な面からみて所得分配上にきわめて悪い影響を及ぼすものであることを強調しておきたい」(宇沢 1974：pp.73-74) と述べている。所得の低い社会的に立場の低い人々に環境被害が大きくなることを述べており、環境正義的関心を有していることは確認できよう。

　日本の公害研究は、被害者と寄り添いながら進んでいっているが、アメ

リカの環境正義が草の根社会運動から練り上げられていったことを踏まえるならば、日本においても草の根の公害研究のなかで環境正義的関心を育んでいったと言える。したがって、環境正義という言葉それ自身は、アメリカから入ってきた言葉かもしれないが、その理念や考え方は日本に長く定着していた考え方であることは確認しておいてよいことだろう。

■社会運動としての環境正義運動

正義というとときに上から目線で押しつけがましいといった印象をもつかもしれない。しかしながら、環境正義は、よりよい社会にするために社会運動、環境運動のなかで練り上げられていった概念である。決して、一方的に正しさを押しつけたり、唯一の正しさとして強調したりしているわけではない。受益者と受苦者の間に不公正・不公平があるのであれば、どのような関係が公正・公平な関係なのかを考えることを環境正義は問うているのである。

■関連するキーワード
公正・公平、NIMBY問題、環境レイシズム

■さらに調べよう・考えよう
[1] ゴミ処理場と原子力発電所の他に「その施設の重要性はわかるが、それを居住地域内に建てることは承服できない」施設はどのような施設があるかを調べてみよう。
【2】環境正義にかなった社会とはどのような社会か、そしてそのような社会に移行するためにはどうすべきかを考えてみよう。

■参考文献
宇佐美誠（2021）『気候崩壊：次世代とともに考える』岩波書店
K. シュレーダー＝フレチェット（2022）『環境正義：平等とデモクラシーの倫理学』（奥田太郎ほか監訳）勁草書房

レジリエンス

作成：新津尚子

■しなやかな強さ

　レジリエンス（Resilience）とは、「しなやかな強さ」を意味する言葉である。「復元力」「弾力性」などと訳されることもある。大風の時、竹はポキッと折れることなく、しなることで耐える。そして嵐がおさまると元に戻る。レジリエンスとはそうした「しなやかな強さ」を指す。この用語は、生態学、心理学、災害研究など幅広い分野で使用されている。

　例えば現在、サンゴの白化が問題になっている。白化は海水温の上昇などにより生じる現象で、長引くとサンゴは死んでしまう。ただし、同程度の海水温の上昇が生じた海域でも、「一時は白化したけれども、回復する海域」もあれば、「サンゴが死んでしまう海域」もある。なぜか。

　同様に、同レベルの災害後にしなやかに復興する地域社会もあれば、復興が進まない地域もある。不幸に見舞われた後、比較的すぐに立ち直る人もいれば、長い間、立ち直ることが出来ない人もいる。

　自然界にも、人間の社会にも、一人ひとりの人間にも、レジリエンスの高い、低いがある。その違いは、システム全体を見渡すと見えてくる。

■システムと撹乱

　海水の高温化や災害、不幸な出来事など、あるシステムに大きな影響を与える出来事のことを撹乱という。システムとは「いろいろな要素がつながって出来ている組織や体制、構造」を指す。サンゴを取り巻くシステムは海水、海底の土、潮の流れなど様々な要素からなっている。地域社会の場合、その土地の風土、建物、人々のほか、その地域を支えている様々な

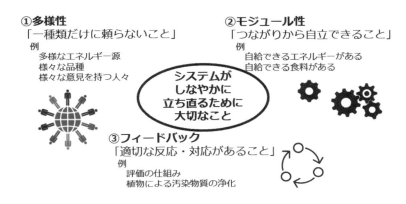

図　システムのレジリエンスを高めるために大切なこと

要素がシステムに含まれる。

　そして同程度の撹乱、例えばサンゴが同程度の高温にさらされた場合は、海水や土壌が汚染されている海域は、汚染されていない海域よりも、サンゴは回復しにくい。だからレジリエンスを考えるときは、「サンゴ」といった一要素だけではなく、それを取り巻くシステム全体を考える必要がある。

　どうすればレジリエンスを高められるのか。よく取り上げられるのが、多様性、モジュール性、フィードバックである。一つひとつ見ていこう。

■多様性：「一種類だけに頼らないこと」で、レジリエンスを向上させる

　送電網から供給される電気だけにエネルギーを依存している地域で停電が生じると、大変な被害が生じる。一方、太陽光発電や小水力発電、ガス、炭など多様なエネルギー源を持つ地域は、停電の影響を小さくできる。システムに多様性があることで、撹乱の被害を受けにくくなる。

　もう少し例をあげよう。米には寒さに強い品種、害虫に強い品種など、さまざまな特徴の品種がある。寒冷地で寒さに強い品種だけを植えれば、通常の年の収穫量を増やせる。ただし、急な高温といった撹乱には弱い。

　組織の場合はどうだろう。同じようなタイプの従業員が多い企業は、普

段は居心地がよく、業績もよいかもしれない。ただし、突然の不況や時代の変化など、組織にとっての撹乱が生じた場合には、多様なタイプの従業員がいる組織のほうが、撹乱に対応するためのアイデアが出やすいだろう。「レジリエンスを高めること」と、「通常時の効率性を高めること」は、必ずしも両立しないことには注意が必要である。

■モジュール性：切り離せる部分を持つことで、レジリエンスを向上させる

　ここでの「モジュール性」とは、いざという時に、つながりから切り離せる、ということである。停電の例だと、送電線が遠くの地域までつながっていて、いざという時に切り離せないシステムの場合、ある場所で生じた停電の影響が、広い地域に広がる。さまざまな路線が乗り入れている鉄道システムは、普段は、乗り換え回数が少なくて済むが、遅延の影響が広範囲に出てしまうのも同じ構造である。

　あるいは、グローバル化が進んでいる社会では、他国で起きた災害により、食料や物資が世界的に不足することがある。そのような場合は、自給率が高い国や地域の方がレジリエンスは高い。「つながっていること」により、通常時には効率がよいシステムを構築できるかもしれない。しかし撹乱が生じた場合には、悪影響も「効率よく」広がってしまう。だから、いざという時に、切り離して自立できる分散型の仕組みが重要である。

■フィードバック：適切な反応により、レジリエンスを向上させる

　適切なフィードバックはレジリエンスを高める。社会にはさまざまなフィードバックの仕組みがある。例えば、褒められたり、よい評価を得ると、「その方法を続けても良い」と感じるのもフィードバックの一例だ。

　自然界にもフィードバックはたくさんある。水がきれいな湖では、大抵、湖の植物がリンや窒素などの汚染物質を浄化する機能を担っている。だから少々汚染物質が流入しても、「澄んだ湖」は保たれる。この働きがフィードバックである。ただし、植物が浄化できないほどリンや窒素が流入すると、このフィードバックは失われ、藻が繁茂して湖は濁ってしまう。

フィードバックが遅すぎたり、間違えていたりすると、レジリエンスは低くなる。だから評価基準が間違えていないか、時代遅れではないかを定期的に見直し、適切なフィードバックの仕組みをつくることが重要である。

■なぜレジリエンスが重要なのか

現代はリスク社会である。世界的には気候危機や政情不安、日本国内をみても高齢化や人口減少など、現在の社会は様々な撹乱要因にさらされている。AI化の進行も、多くの職業にとっては撹乱要因だろう。変化が激しい社会では、これまでの常識は通じない。

そればかりではない。ここまでみてきたように、短期的な効率性を追い求めることによって、レジリエンスが損なわれることがある。レジリエンスを高めることで、自然も、社会も、人も、ポキッと折れてしまうことなく、しなやかに立ち直ることができる。長期的な視野に立ち、システム全体を見通す力を持つことが、これからのリーダーたちに求められている。

■関連するキーワード
システム思考、リスク社会、気候変動適応

■さらに調べよう・考えよう
[1] 将来、日本社会には、あるいは世界には、どのような撹乱が生じる可能性があるだろうか。生じうるリスクを考えてみよう。

[2] 多様性、モジュール性、フィードバック以外の、レジリエンスを高める要素は何か。参考文献などを調べてみよう。

■参考文献

枝廣淳子 (2015)『レジリエンスとは何か：何があっても折れないこころ、暮らし、地域、社会をつくる』東洋経済新報社

Walker,B., Salt,D.(2006) *Resilience Thinking: Sustaining Ecosystems And People in a Changing World,* Washinglon,DC : Island Press（黒川耕大訳『レジリエンス思考──変わりゆく環境と生きる』みすず書房 , 2020)

コモンズ

作成：布施 元

■人類史とともにあるコモンズ

近年、さまざまな場面で使われている「コモンズ」（commons）はもともと、共有地などの具体的な自然（資源や環境）とともに、それを共同で管理し利用する関係や制度を指してきた言葉であり、経済学、社会学、人類学、法学、歴史学などで盛んに議論され、学際的に研究されてきた。

人類は長い間、狩猟、採集、漁撈、農耕、牧畜を中心とした生活や経済を営んできたが、そのような自然への依存度が高く、また、自然とのつながりが深い営みにおいて、自然の法則やメカニズムにうまく適応しながら、コモンズは形成され維持されてきた。地域の生態系（エコシステム）を村落共同体の生活基盤として、成員たちがみずから量、方法、期間などの規制を設定し、ルールやモラルを通じて自治的に、持続可能な仕方で運営するコモンズは、世界中に存在したし、現在も部分的に存在する。

日本でも「入会」などといわれ、一定地域の住民が特定の山林や原野や漁場で食料、飼料、肥料、燃料などのための動植物や樹木を、生活上の必要物として採取し使用してきた。このような生活の根拠としてのコモンズが危機に瀕してしまったことを機に、その存在意義がクローズアップされ、例えば、1993 年に世界自然遺産に登録されたことで一部の入山が禁止されることになった白神山地や、1995 年にゴルフ場建設の差し止めをもとめて入会権訴訟が提訴された奄美大島なども、その例だろう。

■失われつつあるコモンズ

このようなローカル・コモンズにおいては、農の営みを基礎として、村

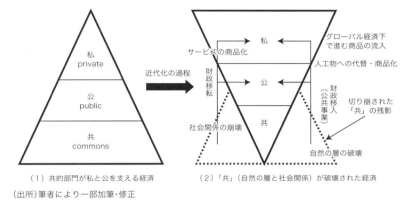

（1）共的部門が私と公を支える経済　　　　（2）「共」（自然の層と社会関係）が破壊された経済

（出所）筆者により一部加筆・修正

出典）三俣（2014）

図　工業化過程を通じ「共」の衰弱した逆三角形をした現代社会

落共同体や顔の見える地域の相互扶助的な社会関係によって、生活の糧としての富が生み出されてきたが、それは、信頼を媒介とするものであり、また、商品化されていない領域という特徴をもっている。しかし、他方で、近代以降、貨幣を媒介とする商品化の領域が、市場システムとしての「私的セクター」と行政システムとしての「公的セクター」によって発達し、それらが財とサービスを提供するようになり、工業化を経ながら肥大化していった。そして、コモンズは次第に、人々による自治や自立の喪失をともないつつ衰退していき、自然の破壊と汚染を招くことになる（上図）。

　だれのものでもなく、だれでも利用できるコモンズは、みんなが自分勝手に利用した結果、過剰利用によって消滅してしまい、みんなが損失を被ることになる、と説く「コモンズの悲劇」（G. ハーディン）という考え方がある。それは、上記のような担い手や管理者のいなくなったローカル・コモンズにとどまらず、水、気候、生物の遺伝情報をはじめとした、地球の全生命にとっての共通の生存基盤であるグローバル・コモンズにおいても例外ではなく、条約や協定による制度の構築が急務である。したがって、ローカル、ナショナル、リージョナル、グローバル、といったコモンズの重層的なガバナンスへむけた協同的な取り組みが求められている。

■サステナビリティとしてのコモンズ

　このように、資源や環境の問題において、コモンズが再認識され再評価されてくるようになった大きな要因や背景として、「サステナビリティ」に着目することができるだろう。

　サステナビリティの根拠としてたびたび取り上げられるのが、「持続可能な発展／開発」(sustainable development) である。これは、国連の「環境と開発に関する世界委員会」によって 1987 年に公刊された『われら共通の未来』(*Our Common Future*) をつうじて確立され、注目されることとなった。ここで示されている主な課題は、これまでの人類の発展／開発のあり方が、①現在の多数の人々を貧困にしていること、②環境を荒廃させていること、③将来世代を維持することができないことである。

　そして、ここから導き出される 3 つの関係（①現存世代内、②人間─自然間、③異世代間）にもとづく、それぞれの共生を同時に実現させていくことが、持続可能な発展／開発の要点でもあり、その実例の 1 つが、まさにコモンズである。現にともに生きている人々の生活を、平等に自然を利用しながら支え（①）、また、共同的にみずから調整や規制をおこなうことによって、人間以外の生物の存続を可能にし（②）、そして、子孫たちの生存と活動の条件をも保障する（③）、という歴史に裏打ちされたモデルである（工藤 2009）。

■身のまわりの多様なコモンズ

　これまで確認してきたような自然やサステナビリティとは直接的なかかわりをもたないが、同様にコモンズと呼ばれるものが現在、私たちの身のまわりにあり、また、新たにつくられていることにも、触れておこう。

　例えば、農山漁村地域に限定されないコモンズとして、自由に遊んだり休んだりできる広場や公園はもとより、学校や公共施設などでしばしば目にする学びや憩いの場であるコモン・スペース、また、災害や危害を逃れるための各種の避難場所なども、私たちにとって大切なコモンズである。

　そのほか、知識や情報の共有や共用の観点にもとづくコモンズとしては、

社会面の規範

だれでも無料で使用でき開発や改良もできるコンピュータのオペレーティングシステムや、自主的に参加して協同で作成し編集するインターネット上の百科事典、また、インターネット上に投稿された動画を不特定多数の利用者が視聴できる動画共有サービスなども、私たちにとって無視できないコモンズとして登場している。

　こうした、じつにさまざまな形態をもつ身近なコモンズは、多くの困難や問題に直面しながらも、人間相互の新たな関係や公共空間の形成に寄与することになるだろう。そして、上記のような環境や資源の問題で扱われる従来のコモンズも含めつつ、昔からあるコモンズを再発見したり、昔あったコモンズを再生したり、新たなコモンズを創造したりしていくことをつうじて、コモンズは多彩に展開していくことになるのかもしれない。

■関連するキーワード
共同体、相互扶助、持続可能な発展／開発、ガバナンス

■さらに調べよう・考えよう
[1] 自分の身のまわりにあるコモンズを探してみよう。
[2] どういうものがコモンズであってほしいか、あるいは、コモンズであるべきか、考えてみよう。

■参考文献

多辺田政弘（1990）『コモンズの経済学』学陽書房
工藤秀明（2009）「経済を導く倫理の蘇生――なぜ「コモン」が注目されるのか？」、『GRAPHICATION』160: 12-13
山田奨治編（2010）『コモンズと文化――文化はだれのものか』東京堂出版
三俣学編（2014）『エコロジーとコモンズ――環境ガバナンスと地域自立の思想』晃洋書房

2
ソーシャルデザイン

2.1 人
クリティカルシンキング
(批判的思考)

作成：長岡素彦

■クリティカルシンキング

　クリティカルシンキング（Critical thinking：批判的思考）とは、物事を批判的に考えることで、前提や根拠を疑い、確認することによって、誤った思考や論理、感情に陥らない思考法であり、このことで物事を過たないだけでなく、物事をより良くすることもできる。

　クリティカルシンキングにおける批判は「否定」を意味しない。「否定」は自らの前提や根拠を疑うことなく物事を違うと判断することに対して、批判は前提や根拠を確認してから判断する。

　クリティカルシンキング（批判的思考）と関連した概念に、ロジカルシンキング（論理的思考）がある。ロジカルシンキングは、推論を重ねて論理的な正しさを探求する思考である。クリティカルシンキングでは論理的な正しさだけでなく、物事を批判的に考えることで、前提や根拠を疑い、確認する思考である。これらは共に重要であり、クリティカルシンキングのプロセス

図1　クリティカルシンキングとロジカルシンキング

でもロジカルシンキングの推論方法を使う。図1では、こうした意味での
クリティカルシンキングとロジカルシンキングの関係を示した。

■**クリティカルシンキングのプロセス**

　クリティカルシンキングのプロセスは「問い」を立て、「推論」を作り、
多様な「根拠」を検討し、その根拠を「検証」し、「結論」を導くもので
ある。このクリティカルシンキングのプロセスにおいて基本として重要な
のは「批判的問いかけ」と検証から結論を導く「帰納法・演繹法」である。
「批判的問い」とは、推論、検証、結論に至るまで、"Why"（なぜ）、"True"
（本当か）、"So what"（その意味は）などで批判的に繰り返し問うことで
ある。「帰納法・演繹法」は検証から結論を導く方法の基本的なものであ
る（他にも多様な方法がある）。

　クリティカルシンキングは、既成の社会や人の基本的な方向、枠組み（パ
ラダイム）、様式（スタイル）、制度や組織（レジーム）、構造（システム）、
社会の潮流（トレンド）等を批判的に考えることで、これら基本的な方向
を変えサステナビリティを高める転換をはかることにつながる。

　例えば、廃棄物の問題を考える際、それは「廃棄物」なのか、廃棄され
る物なのかというように前提や根拠を疑うことによって、廃棄せず、また

表　帰納法と演繹法

帰納法	演繹法
個別の具体的事例・事柄から一般的な結論を導く	一般的な前提を個別の具体的事例・事柄に当てはめる
個別の具体的事例・事柄の共通点から傾向や結論を推論するので、根拠の中に一つでも推論に合わないものがある、また、共通点から推論を立てる場合に論理の飛躍がある場合も帰納法は成り立たない。	前提に誤りがあったり、偏りがあると成り立たない。また、演繹法は各事例を関連づけて結論を出すので、関連づけが間違えであると成り立たない。

hiko （C）長岡 素彦

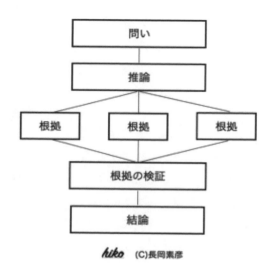

図2　クリティカルシンキングのプロセス

は、他のものに変えることが、持続可能な生産と消費につながり、また、サステナビリティを高めることができる。

　クリティカルシンキングにより廃棄物を批判的に考えることで再利用・リユース（Reuse）、再資源化・リサイクル（Recycle）、原料や材料に戻すのではなく元の素材を使う創造的再利用・アップサイクル（Upcycle）することができる。

　また、廃棄されている物は元々本当に必要なものなのか、廃棄されるものはその形・機能でなくてはいけないのかを考えることで、ライフスタイルの変革、削減・リデュース（Reduce）や持続可能な生産と消費のシステム変革（商品の変更、製造工程の変更等）につなげることもできる。

■クリティカルシンキングがなぜ必要なのか
　既成の社会や人の基本的な方向、枠組み（パラダイム）、様式（スタイル）、制度や組織（レジーム）、構造（システム）、社会の潮流（トレンド）等を変えサステナビリティを高める転換をはかるためには、その前提や根拠を

疑い、批判的に考えることで、従来の社会、制度・法律、経済をサステナビリティのあるものとして構築できる。

　この前提や根拠を疑い、批判的に考えることがクリティカルシンキングである。クリティカルシンキングは、従来どおりのやり方・考え方では対応できなないことに対応し、メディアやインターネットで一般に流通している情報を修正し、サステナビリティのある社会を構築できる。

■関連するキーワード
ロジカルシンキング（論理的思考）、オルタナティブ、アンラーン
（Unlearn）

■さらに調べよう・考えよう
【1】社会（制度・法律）におけるクリティカルシンキング
　　　現行の法律でサステナビリティの観点から改正する必要のあるのは何かを、その前提や根拠も調べて、考えてみよう。
【2】経済におけるクリティカルシンキング
　　　今の経済でサステナビリティの観点から改善する必要のある商品は何かを、その前提や根拠も調べて、考えてみよう。
【3】メディアやインターネットの情報におけるクリティカルシンキング
　　　今のメディアやインターネットで一般に流通している情報でサステナビリティの観点から違っている情報は何かを、その前提や根拠も調べて、考えてみよう。

■参考文献
UNESCO,2011, Media and Information Literacy Curriculum for Teachers
UNESCO,2017, Education for Sustainable Development Goals: learning
　　　objectives

作成：長岡素彦

■変革の担い手としてのチェンジエージェント

チェンジエージェント（ChangeAgent：変革の担い手）とは、トランスフォーミング（変革）を進める者である。

変革の対象は、組織・社会であり、同時に、行動、態度、ライフスタイルを担う一人ひとりの自分である。既成の組織・社会の変革をはかるためには、これらの変革を担う組織のチェンジエージェントが必要である。また、一人ひとりが変革を進めるためには、知識やスキルが必要であり、その知識やスキルを学習し、また、新たに生み出すための教育のチェンジエージェントも必要である。

■組織開発におけるチェンジエージェント

組織開発は、組織内のメンバーが組織をよりよくすることであり、そのために組織のプロセス、組織内の関係性に働きかけるものである。組織開発におけるチェンジエージェントについて、P.F. ドラッカー（2002）は、「組織が生き残りかつ成功するためには、自らがチェンジエージェント、すなわち変革機関とならなければならない。変化をマネジメントする最善の方法は、自ら変化をつくりだすことである」としている。

■ESDによる自分と経済・社会・環境の変革

変革を進める教育として、ESD（Education for Sustainable Development：持続可能な開発のための教育）がある。ESD は世界と地域をサステナブルにするための教育であり、2003 年の国連総会で決議され、2019 年の国連総会

教育・ESD におけるチェンジエージェント

自分

自分が変わる　↑　↓　自分で変える

組織・社会

組織開発におけるチェンジエージェント

hiko　(C)長岡 素彦

図　組織開発と教育・ESDのチェンジエージェント

では「ESD for 2030」としてリニューアルが決議されている。

　国連は、ESD によって、一人ひとりが学習によって自身の行動、態度、ライフスタイルから変革をすすめ、また、学習によって経済・社会・環境の新たな変革をすすめる、この両方によって個人と社会の変革が行えるとしている。

■関連するキーワード

組織開発、ESD（持続可能な開発のための教育）、クリティカルシンキング(批判的思考)、チェンジメーカー（Change maker）

■参考文献

P.F. ドラッカー（2002）「ネクスト・ソサエティ―歴史が見たことのない未来が始まる」ダイヤモンド社

UN, 2019, Education for Sustainable Development: Towards achieving the SDGs（ESD for 2030）

2.1 人
自己充足

■自己充足と自己満足

　今の自分自身に納得し、心から充実した感覚を持っている状態が自己充足である。似た言葉の自己満足は独りよがりで他者からの低い評価を連想させる言葉であるのに対し、自己充足は他者との比較や評価とは関係なく、絶対的かつ深いレベルでの精神的な境地だと言えよう。

■際限のない欲望と人の欲求

　マズローが示す様に人は生理的欲求から承認欲求・自己実現欲求まで、様々な階層の欲求を満たしながら生きている。こうした諸欲求は人の基本的な特性なので否定されるものではない。ただし、欲求が「際限のない欲望」として解放されることで経済が成長し、その結果が環境破壊や紛争、ひいては文明の滅亡に繋がるとするならば、欲求をどう扱うかは人類にとって大きな問題である。将来の世代が自らの欲求を充足する能力を損なう事なく、今日の世代の欲求を満たすためには、今日を生きる我々は「際限のない欲望」を解放するだけではなく、「自己充足」の方向を持つことが求められる。その時に参考になるのが老子や禅宗などの歴史的な東洋的思想である。

■「足るを知る」と自己充足

　老子第33章では「足るを知るものは富み、努めて行う者は志有り」とある。自分が十分に持っていると認識している者こそが真に富んでいき、さらに努力を重ねるところに本当の志が生まれる、の意味である。

自己満足   自己充足   際限のない欲望

だいたいこんなもの
＝
成長をとめた
ここで終わり

すでに十分に持っている
＝
才能や潜在能力を活かして
成長し、自己を実現していく

あふれ出すコップの中身
＝
必要以上に際限なく求め
キャパシティーを越えていく

図　自己満足と自己充足、際限のない欲望のイメージ

「足るを知る」の教えが古くからあること自体が、際限のない欲望が人の本性の一部であることを示しているが、この老子の一文は自己充足と富や豊かさとは何かを考える上で良い示唆を与えてくれる。富を自分以外の「外」に求めるとき、人は「際限のない欲望」にとらわれる。「際限がない」とは、一度満足したと思っても、また不足を感じてしまうことだ。転じて老子には「足るを知るものは富み」とある。これは富を得た結果として満足することと順番が逆になっている。まず、自らが足りていると認識することこそが、富や豊かさの始まりだと言ってるように思える。

　自分は十分に才能や潜在能力や機会を持っていると認識し、際限のない欲望に身を任せるのではなく、自己満足して成長を止めるのでもなく、志をもって探究する生き方が、自己充足への道ではないだろうか。

■関連するキーワード
ウエルビーイング、知足、利他、自己実現、自己超越

■参考文献

A.H. マズロー（1987）「人間性の心理学〜モチベーションとパーソナリティ」産能大出版部
小野塚知二（2018）「経済史〜いま知り未来を生きるために」有斐閣

2.1 人
身体感覚

作成：森 雅浩

■身体という自然としての自分

　現代の都市的生活においては、ヒトの活動の中心は頭脳（思考）に思えるが、生き物としてのヒトは「身体という自然」が基盤である。脳（も身体の一部ではあるが）が私たちを完全に支配しているのではない。身体はヒトの生命を支える基礎であると同時に、自分の意識を越えた機能と役割を果たしている。

　例えばテニスでボールを打ち返す際も、いちいち頭が考えて指令を出しているわけではなく、多くの身体機能が同時かつ自律的に、つまり「自然」に働いている。最新の医学見知では内臓などの臓器も自律的に情報をやり取りし、脳に指令を出すことがわかっている。

■様々なつながりと身体感覚

　普段は忘れている「身体という自然」と「自分の意識」をつなぐのが身体感覚だ。ラケットを振る軌道を修正するのも身体感覚だし、肩凝りの痛みという身体感覚があると肩を意識することになる。身体感覚は身体という「内なる自然」と意識がつながる通路だが、環境という「外なる自然」とつながるゲートでもある。そよ風の心地よさや、登山で頂上に着いたときの爽快感も身体を通じて捉える感覚といえる。また、人と人との関係性にも身体感覚は関わっている。相手を近い・遠いと感じ、距離を取るのは理性による判断の前に、なんとなくの身体感覚が反応している。

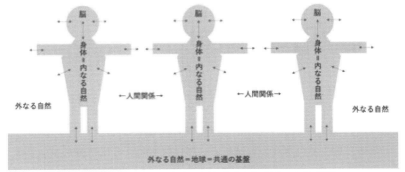

図　身体感覚がつなぐ、内なる自然・自分自身・外なる自然・環境

■カラダ言葉が示す、身体感覚の重要性

　日本にはカラダで人の精神状態を表す言葉が多い。例えば「腹をくくる
→動揺しない」「腰が引ける→消極的」などだ。頭＝理性では理解してい
ても、感情では納得していないことを「腹落ちしない」と言う。人は理性
のみで動くわけではないので、腹落ちしないと実行が伴わないことを示す
言葉だ。最近の医学知見では、腸内（腹）の状態が人の思考や感情に影響
をあたえることが指摘されているが、この言葉との関連性を考えると興味
深い。

　サステナビリティやSDGsなども、理性では必要だ、大事だ、と思って
いても身体感覚が伴わないと「頭でっかち」つまり、実践されないことに
なるので、注意したい。

■関連するキーワード
身体性、身体拡張、つながり

■参考文献

斎藤孝（2000）『身体感覚を取り戻す：腰・ハラ文化の再生』ＮＨＫ
松田恵美子（2010）『身体感覚を磨く12ケ月』ちくま文庫
中野民夫・森雅浩他（2020）『看護のためのファシリテーション』医学書院

2.1人
伝統知（在来知）

作成：早川 公

■伝統知（Traditional Wisdom/ Knowledge）とは

　伝統知とは、それぞれの地域において世代を超えて受け継がれ、しばしば形式化されていない知識や知恵のことである。人類学者の C. ギアツは、伝統知に類する概念を「ローカル・ナレッジ」と表現し、それを「人間の生がある地でとったかたち」と説明する（ギアツ 1991）。

　伝統知をめぐる議論では、それが近代知、すなわち近代科学に基づく専門的、普遍的で脱空間的な知識とは異なる有用性があるという見方がなされてきた。たとえば医療では、伝統的な動植物の利用法がバイオテクノロジーとの結合によって新薬発明に結びつくことがある。また参加型開発の提唱者 R. チェンバースは、開発対象の当地の人びとの知識はしばしば科学よりも生態系に適合的であり、開発プロジェクトは伝統知なしで成功はないと主張した（チェンバース 1995）。地域のサステナビリティを考える上でも、共有資源（→コモンズ）の管理手法や、それを支えるものの見方や価値観に目を向け、伝統知の収集や共有を図る意義は大きい。

■翻訳され変容する伝統知

　他方で、伝統知の有用性を考えるとき、それを近代知とは別の独自の知の体系とみなして本質化してしまう点には注意が必要となる。近年の民族誌的研究では、「（科学的）知識は人びとの社会的関心との関係のなかで創り出される」というアフターネットワーク論的立場から、伝統知は近代知との関係性によって翻訳され変容するものであることが指摘されている（中空 2018）。つまり伝統知が重視される現場では、科学者、活動家、行

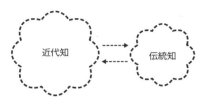

従来の近代知／伝統知の捉え方

近代知
（普遍的で脱空間的。科学的営為によって拡張される）

伝統知
（近代知が把握できていない余白に、
有用な知の領域がある）

これからの近代知／伝統知の捉え方

近代知　伝統知

両者は固定的な実体ではなく、ヒト・モノ・概念・制度
の相互交渉を通じて、再帰的に構築される

図　近代知と伝統知の関係

政関係者、生産者、消費者などが絶え間ない相互交渉を通じて伝統知を新たに創り出しているという、知識の再帰的・創発的な側面に目を向けなければならない（→再帰的近代化）。

　現在、伝統知やそれに基づく技術は、SDGs や愛知目標、世界農業遺産（GIAHS）などグローバルな方針の中で保存・活用が明記されている。しかしそれを既存の権力関係に基づく新たな支配のためのお題目にしてはいけない。そうではなく、地域に生きる人びとが自身の生活世界を自立的で創造的なもの（→コンヴィヴィアリティ）として伝統知を（再）定義していくことが、今日のサステナビリティを考えるために重要であろう。

 ■関連するキーワード
再帰的近代化、コモンズ、コンヴィヴィアリティ

■参考文献

Chambers, R. (1983) *Rural development: putting the last first.* Harlow: Prentice Hall.（穂積智夫・甲斐田万智子監訳『第三世界の農村開発　貧困の解決—私たちにできること』明石書店 ,1995）

Geertz, C. (1983). *Local Knowledge.* New York: Basic Books.（梶原景昭・小泉潤二・山下晋司・山下淑美訳『ローカル・ノレッジ：解釈人類学論集』岩波書店 , 1991）

中空萌（2018）『知的所有権の人類学』世界思想社

2.1 人
環境心理学

作成：村松陸雄

■環境心理学の定義

　環境心理学の初回授業のつかみで用いることが多い鉄板ネタ、プロシャンスキーらによる究極（？）の定義「環境心理学者が研究することが環境心理学である」をはじめとして、多様な学問背景が特徴的である環境心理学徒がそれぞれ独自の定義にもとづき研究しているきらいがある。包摂的な定義としては、羽生（2008）の次の定義が腑に落ちる。「環境心理学とは人間と環境を一つの系（システム）として捉える実証科学である。つまり、特定の環境とそこで行動している人間が互いに影響を及ぼしあう、分けることができない構成単位として考え、その関係を研究する学問である。ここでの環境には、物理的環境だけでなく、社会的・対人的環境や文化的環境を含む。」（羽生，2008）

図1　2つの顔を持つヤーヌス神

■ヤーヌスとしての環境心理学

　学問としての成立過程において狭義の環境心理学と広義の環境心理学という全く異なる流れを持つこと（太田，2013）と、その2つの顔が相即不離であることを理解することで環境心理学の本質に迫ることができる。

　狭義の環境心理学とは、応用心理学の一分野として環境心理学を捉える見方である。先駆的な研究としては、ゲ

シュタルト心理学の影響を受けたレヴィンが、人と環境とが相互関連して
いるひとつの場の構造を「生活空間」と定義し、パーソナリティ
(Personality)と環境(Environment)の両方によって人の行動(Behavior)
は大きく影響を受け、ある人が主観的に経験するところの心理的環境の全
体が「生活空間」であるとする「場の理論」(B＝f（P，E））を提唱した。
レヴィンは、ナチスによるユダヤ人迫害に伴い亡命したアメリカで社会心
理学や環境心理学の礎を築き、その後に続くバーカーやライトらによる生
態学的心理学（ecological psychology）や建築心理学（architectural
psychology）等の関連領域との離合集散をしつつ、環境心理学は心理学
的アプローチを中核とした心理学の一領域となった。

　広義の環境心理学とは、人間と環境の関係性に関わる学際的領域としての
環境心理学の捉え方である。1960–1970年代に、自然環境の破壊、資源枯
渇問題、公害問題、大都市圏への過度な人口集中などの環境問題が顕在化し、
その解決のために、様々な学問分野の専門家が集まり、学際的なアプローチ
での解決を模索するような動きがあった。1968年にアメリカでEDRA
(Environmental Design Research Association)、1982年にヨーロッパで
IAPS (International Association for People-Environment Studies)、1982
年に日本でMERA (Man-Environment Research Association) がそれぞれ
設立された。いずれの学会にも、心理学だけでなく、建築学、社会学、地理
学、都市計画学、人間工学、犯罪学等、多様な分野の専門の研究者が参加し
ており、1つの学問だけでは到底手に負えないような高度に複雑化した現代
社会の課題を解決するために、様々な学問の叡智を結集し学問の枠を超えて
研究し、問題解決の糸口を探るための貴重なプラットフォームとなった。

　このような学際性を志向する学会という場で異分野の研究者同士が切磋
琢磨することが、参加研究者の出自となる学問自体にも革新的なイノベー
ションをもたらしている。例えば、建築学出身の研究者たちがMERAで
心理学的アプローチを習得し、日本建築学会の年次大会や論文誌でも心理
学的な研究を次々と発表することで、日本建築学会での環境心理学の存在
感が向上し、日本建築学会に常設学術推進組織として環境心理生理運営委

員会が設置されるに至っている。

■環境心理学の状況とテーマ

　上記のとおり、学問の特徴として学際性を有することで、非心理学の多様な学問領域から注目されることに相反して、環境心理学が、社会心理学、臨床心理学、パーソナリティ心理学のように心理学の主流派になることができなかった。その結果、アカデミアに研究者を輩出する役割を果たす心理学系大学院で環境心理学を冠した専攻はほとんど存在せず、心理学プロパーの環境心理学者を組織的に増やすことができないことは、学問の制度化という観点に鑑みて心理学の学問ディシプリンとして環境心理学をより深化する上での看過できない課題といえる。

　環境心理学が対象とするテーマは多岐にわたるが、テーマの選定傾向には研究者の出自に大きく依存することには注意を要する。具体的にいえば、建築学を背景とする研究者は、建築関連の事象（例、人工構築環境の心理、学校環境の照明計画、オフィス環境の人間行動デザイン等）を研究対象としがちであり、他方、自然環境の心理、動植物と人間との関係性、環境知覚・認知、環境配慮行動、環境教育等にはそれほど関心がないのが実情である。

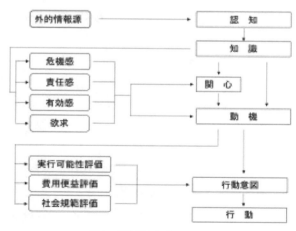

図2　環境配慮行動の規定因

　環境心理学が学際性を有するがゆえに、環境心理学以外の分野にも関連知見が発表されていることに常に留意することが肝要である。図2は、三阪（2003）が日本環境教育学会論文誌に発表した環境配慮行動の規定因の研究である。「環境問題が重要である」という認知や意識があっても、必ずしも環境配慮する行動に結びつかないことは日常的にしばしば経験することであるが、このような認知・行動不一致の心理メカニズムをこのモデルにより精緻に理解することができる。

　マーケティング領域における消費者行動論や行動経済学においても環境配慮行動に関連した重要な研究が多数発表されており、例えば「ナッジ（nudge: そっと後押しする）」は環境配慮行動の促進を意図した環境政策手法に実際に広く活用されている。

■「サステナビリティ心理学」の実現に向けて

　あらためて説明するまでもなく、サステナビリティは次代の未来社会に構築する上で最重要な概念であり、「心理学」×「サステナビリティ」の座組の探究に積極的に取り組むことが社会から強く要請されている。「サステナビリティ」とは、上述の環境心理学が必要とした学際性よりもさらに踏み込んだトランスディシプリナリー研究（transdisciplinary research, 超学際研究）の視座を要する対象であるが故、同時に求められる心理学の学問ディシプリンとしての専門性の深化にもかなりの困難が予想されるが、近い将来に「サステナビリティ心理学」の成立が大いに期待されるところである。

■関連するキーワード
身体感覚、自己充足

■参考文献

太田裕彦（2013）「 環境心理学とは 」『環境心理学研究』1 (1)

羽生和紀（2008）『環境心理学―人間と環境の調和のために』サイエンス社

三阪和弘（2003）「環境教育における心理プロセスモデルの検討」『環境教育』13 (1) pp.3-14

パーマカルチャー
(Permaculture)

作成：明石 修

■パーマカルチャーとは

　「パーマカルチャー」（Permaculture）は、石油などの化石燃料に依存する暮らしを改めて、太陽や自然の恵みを活用して循環型の社会を築こうという思想とそれを実現するためのデザイン手法である。「パーマネント（永続的）」と「アグリカルチャー（農業）」または「カルチャー（文化）」をつなぎ合わせた造語で、農を基礎とした循環型の暮らしや、さらには持続可能な文化や社会の創造を目指すものである。農業、林業、建築、エネルギーなど様々な分野の技術や知見を横断的につなぎ、暮らしや社会をデザインする。例えば、有機農業や自然建築など、生物資源や再生可能エネルギーを利用した循環型で環境負荷の小さい暮らしや地域コミュニティづくりをおこなう。1970 年代にオーストラリアの研究者ビル・モリソンとデビット・ホルムグレンにより体系化されたが、日本や東アジアで歴史的に営まれてきた里山、農村の自然循環型の農業や暮らしのあり方に強い影響を受けている。

　パーマカルチャーでは、「ニーズ」と「資源」という考え方を使う。ニーズとは、人や生きものが、生き、繁栄するために欲するものである。空気、食べ物、飲み物、快適で安全な空間、他者とのつながりなどだ。資源とは、太陽の光、水、植物、動物、エネルギー、建物、人の知識、資金など、システムをデザインするにあたって利用可能なものである。それらの資源を有機的につなぎ合わせることにより、人や生きもののニーズを持続的に満たすことのできるシステムをデザインする。廃棄物の発生や汚染などの環境負荷をできるだけ小さくするだけでなく、自然生態系の再生（リジェネレーション）を目指す。つまり、パーマカルチャーとは、人と自然が共に

豊かになるための暮らしや社会のデザインの考え方や手法である。

■パーマカルチャーの対象とする領域

　パーマカルチャーでは多様な領域を扱う。建築、技術、土地や自然のケアといった物理的に場を作るハードの分野だけでなく、教育、健康、経済、コミュニティといったソフトの分野もカバーする。例えば、人のつながりを取り戻すことにより地域の課題を解決したり、地域通貨によりコミュニティ内での物の循環を活発にしたりということも含まれる。それらは一見別々の分野のように見えるが、いずれも資源をつないでニーズを満たすデザインとなっている（この分野はソーシャルパーマカルチャーと呼ばれる）。パーマカルチャーの多様な領域の大本には、次節で説明するパーマカルチャーの倫理とデザイン原則がある。倫理とデザインの原則に従って各領域を横断的に縫い合わせていくことで持続可能な文化や社会を作っていくのである。

■パーマカルチャーの倫理とデザイン原則

　パーマカルチャーの考え方のベースには３つの倫理がある。パーマカル

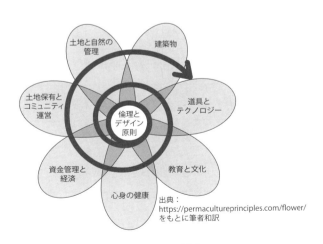

出典：
https://permacultureprinciples.com/flower/
をもとに筆者和訳

図　パーマカルチャーの７つの領域

チャーのデザインや実践は、常にこの倫理に従っているかを問いながら行っていく。また具体的にデザインする際には、原則を取り入れることでつ

表1 パーマカルチャーの3つの倫理

倫理	説明
地球を大切にする (Earth care)	地球は人を含むあらゆる生命を支えるものであり、人や社会の健康、福祉の究極的な基盤であることから、地球や自然生態系を健全に保つ必要があるという考え方である。
人を大切にする (People care)	人を大切にするとは、人の根源的なニーズ（例：生命の維持、安全の保障、自由、つながり、信頼など）を満たすことである。ここでいう人とは、他者だけでなく、自分自身が含まれる。さらには将来世代も含む。
豊かさを分かち合う (Fair share)	自分の必要以上の豊かさが得られたら、他の人や生きものと分かち合おうという考え方である。もっともっとと欲を拡大するのではなく、足るを知り、それ以上のものは、「地球を大切にする」、「人を大切にする」ために使おう。

表2 パーマカルチャーのデザイン原則

	原則	内容	例
原則1	つながりある配置	関連する要素を近くにおいて互いに助け合うように配置しよう。	雨水タンクを菜園の近くに置く。
原則2	多機能性	それぞれの要素が複数の機能を発揮できるようにしよう。	果樹を植えて、果物の生産、風よけ、日陰づくり、蜜源などの機能を生み出す。
原則3	多くの要素による重要機能の維持	重要な機能は、複数のものによって満たせるようにしよう。	水源は、雨水、川の水、水道などで確保する。
原則4	効果的なエネルギー計画	エネルギーや労力、時間の消費が少なくなるように物を配置しよう。	頻繁に使うものは近くに、頻度の低いものは遠くに配置する。
原則5	生物資源、再生資源の活用	再生可能な資源や植物や動物などの生物が生み出す資源や機能を活用しよう。	みつばちを飼育し、果菜や果物を自然に受粉してもらう。
原則6	エネルギーの循環	外から入る栄養素やエネルギーを捉え、貯え、繰り返し活用しよう。	台所の生ごみをたい肥として利用する。
原則7	小規模集約システム	土地全体を効率よく利用するために、小規模で密度の高いシステムをデザインしよう。	果樹や野菜を一緒に植えて、立体的に空間を使う。
原則8	自然遷移の加速	自然が自ら変化する力をうまく活用し、その場を豊かにするようにデザインしよう。	マメ科の植物を緑肥に用いて、土に窒素を固定し豊かにする。
原則9	多様性	多様な生き物が相互に助け合い、活かし合う関係性をデザインしよう。	単一栽培でなく、コンパニオンプランツを混植する。
原則10	エッジ効果	異なる環境が接するエッジの豊かさを活かそう。	水と土が出合う池の淵でクレソンなどの半水生植物を育てる。

ながりのある循環型で持続可能なシステムをつくっていく。

■関連するキーワード
システム思考、リジェネレーション、トランジション、レジリエンス、社会関係資本

■さらに調べよう・考えよう
[1] 今の自分の暮らしは、パーマカルチャーの倫理を満たしているか。そうでなければどのようにしたら満たせるか考えてみよう。
[2] パーマカルチャー原則は、畑や土地だけでなく様々な分野に応用可能です。応用例を考えてみましょう。（例：「多様性」⇒多様な人が対話をする場をつくることでイノベーティブなアイデアを生み出す。）

■参考文献
ビル・モリソン，レニー・ミア・スレイ（1993）『パーマカルチャー 農的暮らしの永久デザイン』農文協
設楽清和（2010）『パーマカルチャー菜園入門 自然のしくみをいかす家庭菜園』家の光協会

社会関係資本
（ソーシャル・キャピタル）

作成：明石 修

■社会関係資本（ソーシャル・キャピタル）とは

　社会関係資本とは、集団における人々の関係性やつながりを表す言葉である。社会関係資本は、人々が他人に対して抱く「信頼」や、お互い様などの言葉で表現される「互酬性の規範」、人々の間の「ネットワーク（絆)」からなる。社会関係資本が豊かな集団では人々の協調行動が活発になるため、集団としての効率性が高く、市場では評価しにくい価値が生み出される。たとえば、大災害が発生したときに、豊かな社会関係資本のある社会では、住民同士が譲り合いや助け合いをおこなったり、警察や消防が機能しない中であっても治安が維持されたりする現象が見られる。

　社会関係資本には、同質なもの同士が結びつくボンディング型（結束型）と異質なもの同士を結びつけるブリッジング型（橋渡し型）がある。家族や地域のご近所づきあいなどはボンディング型の例である。ボンディング型の社会関係資本は結束が強く、互酬性の規範が集団にいきわたりやすいため、集団内で安心や信頼が醸成されやすい。ブリッジング型の社会関係資本は、経験や価値観、背景の異なる個人のつながりである。多様な人がつながるネットワークであるため、異質なものと出会ったり、新しい情報が手に入るといった特徴がある。

■社会関係資本はサステナビリティとどう関係するか

　社会関係資本は、我々の社会のあらゆる面に影響することが様々な研究で指摘されている。表1に示した影響は、いずれも社会のサステナビリティに対するポジティブな影響の例である。また、近年日本では「新しい公共」

表　社会関係資本が社会におよぼす影響の例

分野	社会関係資本の影響の例
企業を中心とした経済活動	企業内での閉じたネットワークは、メンバー同士を強く結びつけ一致団結した行動を取りやすくする。開いたネットワークは多様な人や情報が交じり合うためイノベーションを生む効果がある。
地域社会の安定	社会関係資本の豊かな社会は、地域コミュニティの一体感を醸成し、犯罪の抑止に効果がある。また、ボランティア活動などによる地域課題への対応に良い影響をもたらす。
健康	所得格差の大きい社会は社会全般への不信感を増大させ、結果として死亡率を上昇させる。逆に、社会関係資本が良好であれば健康状態も良好な傾向があることが指摘されている。
教育	教育水準の高い人ほど社会全般に対する信頼が高く、ネットワークが大きい。国別の比較では社会全般に対する信頼度が高い国ほど識字率が高い傾向がある。学級内の社会関係資本には学業成績と退学抑制の効果がある。
政府の効率	社会に対する信頼度が高い国ほど、政府の腐敗度が低く、官僚機構の質と納税遵守度が高く、インフラの整備が行き届き、法制度の効率性との整合性が高い。信頼と互酬性の規範のある地域は、官民の協調が行われやすく、行政コストの低減につながる。
災害に対するレジリエンス	アメリカにおける研究では、社会的なつながりの強い地域では、地域コミュニティでの共助が働くため、気象災害による影響や被害が少ない傾向がある。

社会システム

という言葉が聞かれる。「新しい公共」とは、教育や子育て、街づくり、防犯や防災、医療や福祉などの分野で市民や地域組織、企業、政府などが協働し、支え合いと活気のある社会をつくっていこうとするものである。「新しい公共」は、低成長、人口減少時代を迎えている日本でサステナブルな社会を築くためには必要な考え方であろう。様々な関係者の協働する社会においては、関係者間のネットワークやお互いに対する信頼、つまり社会関係資本が重要な基盤となる。その意味において、社会関係資本はサステナブルな社会づくりの鍵となると言える。

■関連するキーワード
社会的包摂、公正・公平、レジリエンス、コモンズ

■参考文献

稲葉陽二（2011）『ソーシャル・キャピタル入門　孤立から絆へ』中公新書
ロバート・D・パットナム（2006）『孤独なボウリング　米国コミュニティの崩壊と再生』柏書房
「新しい公共」円卓会議（2010）『「新しい公共」宣言』

2.2 社会システム
人新世・脱成長・定常型社会

作成：大倉 茂

■人新世

　われわれは今、「人新世（Anthropocene）」にいるといわれている。そもそもは完新世に次ぐ地質年代として提起された概念であるが、地質年代としての議論も引き続き続けられながらも、地質学だけではなく、自然科学、そして社会科学、人文学においても広く議論されている。人新世とは、大きくいえば、地球に対して人間の活動が大きな影響を与えている年代として理解できる。気候変動などの自然科学的な知見だけでなく、われわれの生活実感としても十分に捉えることができる。こういった気候変動は、典型的な人新世における出来事なのだが、これは人間の活動が気候にまで影響を与えるようになったことを示している。

　それでは、われわれが今、人新世にいるとするならば、いつから人新世に入ったのか。農業の開始か、あるいは産業革命か。この点も議論が活発に行われているが、農業の開始でも、産業革命でもなく、概ね20世紀中頃を人新世の開始点とする結論に収束しつつある。この20世紀中頃を画期として、人間の活動が指数関数的な量的拡大を見せている。この人間の活動の指数関数的な量的拡大は「大加速」（Great Acceleration）と呼ばれている。

　啓蒙主義者、ヘーゲル、マルクスらによって定式化された進歩史観を下敷きにしながら、近代以降、われわれは量的な拡大を、成長、あるいは発展と呼び、グローバルに自明視されている共通の目標である。持続可能な発展が提唱されてもなお、そこに「発展」という言葉が入っていることはわれわれにとって成長・発展路線がどれだけ強固な思想であるかを示している。

図　新生代の地質年代

■脱成長と定常型社会

　もし人新世に見られる諸現象が、大加速によるのであれば、現代社会にはびこる成長・発展を反省することが求められる。そういった流れのなかで、昨今注目されているのが、脱成長とその先に見据えられる定常型社会である。

　人新世に至った原因が、近代社会の成長・発展路線にあるならば、それを脱する必要があるとするのが、脱成長の基本理念である。ここで注意が必要なのは、脱成長と低成長の違いである。低成長は、あくまでも成長を目指した上で結果として低成長になっているだけであり、脱成長はそもそも成長は目指さず、定常状態のなかで人間と自然の調和や人間の福祉の向上をはかる考え方である。定常型社会においては、J.S. ミルによって 19 世紀にはすでに論じられており、古くて新しい考え方であるといえる。脱成長も定常型社会も、成長・発展路線の圧倒的な影響力のなかで、その具体像を想像することも困難であくまで青写真であるが、将来社会の 1 つのオプションとして有意義な思想であると言える。

　成長・発展路線、そしてその背景にある進歩史観は、近代の産物である。環境問題は、進歩史観というわれわれにとって基礎的な考え方にも反省を求めているのかもしれない。

 ■関連するキーワード
再帰的近代化、エコロジー的近代化、トランジション

■参考文献

大倉茂（2022）「われわれは人新世をいかに生きるべきか：高度情報社会と AI 化のなかで」,『人新世と AI の時代における人間と社会を問う』本の泉社
斎藤幸平（2020）『人新世の資本論』集英社
広井良典（2001）『定常型社会：新しい「豊かさ」の構想』岩波書店
セルジュ・ラトゥーシュ（2020）『脱成長』（中野佳裕訳）白水社

2.2 社会システム
トランジション（転換）

作成：白井信雄

■基本的な方向を変える

　トランジション（Transition: 転換）とは、社会活動や政策、人の考え方・生き方等の物ごとの基本的な方向を別の方向に変えることである。変化や改善は部分的あるいは表層的なもので、大きな方向は変えない。これに対して、転換は基本的な方向を変える。

　そして、社会や人の基本的な方向は、枠組み（パラダイム）、様式（スタイル）、制度や組織（レジーム）、構造（システム）、社会の潮流（トレンド）等の根本構造によって規定される。したがって、基本的な方向を変える転換とは、これらの根本構造を変えることである。パラダイム・シフトやレジーム・シフトという言葉を使うことがあるが、それらが転換に相当する。

　例えば、廃棄物の問題を考える際、リサイクルを徹底することは変化や改善であり、大量生産・大量消費・大量廃棄型の社会経済システムを変えて、廃棄物の発生を減らすことが転換である。二酸化炭素の排出量を減らすために再生可能エネルギーを導入することはエネルギーの供給構造を変えるという点でエネルギーの転換である。自動車の利用を減らすために、バスや鉄道等の公共交通を整備したり、市街地をコンパクトにすることは都市構造の転換である。

■地域の転換：トランジション・マネジメント

　地域、組織、人のそれぞれの転換が共鳴することで、社会の根本の転換が起こっていく。まず、地域の転換として、オランダの都市計画等で開発されたトランジション・マネジメントという方法がある（松浦 , 2017）。こ

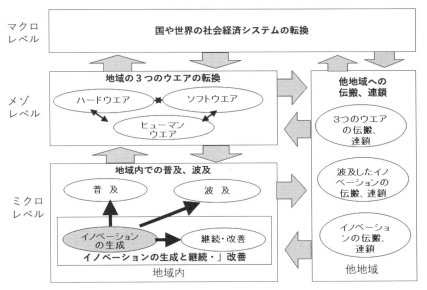

図　トランジションに至る社会の動的プロセス

　れは、ミクロなレベルのニッチなイノベーションを試行し、その拡大や連鎖により、従来の制度や組織（レジーム）、さらには社会経済の構造（システム）を変えていくという地域からのボトムアップの転換手法である。図に、地域におけるイノベーションの生成が大きな転換に至る社会の動的プロセスを示した（白井, 2020）。イノベーションが地域内で普及し、他のイノベーションにも波及し、他地域に伝搬していく動的なプロセスを示している。

　トランジション・マネジメントにおいて重要なことは、ニッチなイノベーションを起こす先導者（フロントランナー）を大切にすることである。先導者を集めてワークショップを行うことで、イノベーションを創造し、すぐさま実践を立ち上げて、人々を巻き込みながら社会全体の大きな動きにしていくことが期待できる。

■組織の転換：U理論

　組織・人材開発分野では、発達心理学や経営学等の研究成果を応用して、

意識・行動転換のプロセスを理論化し、組織の転換に活用している。その1つが、シャーマーによるU理論である。U理論は、課題から解決に至るプロセスにおいて、U曲線における下る動きと上る動きがあるとする。下る動きでは、過去のやり方の問題点への気づきがあり、これまでの習慣的な判断を保留し、新しい視点や考え方を持ち、古いものを手放すというプロセスである。上る動きは、手放した状態における未来の迎え入れ、ビジョンを描き、イノベーションを具体化して、実践するというプロセスである。

■人の転換：変容学習

　変容学習とは「従来の考え方・感じ方・行動の仕方がうまく機能しないという段階を出発点とし、自己批判、新たな自分の役割や自分の生き方の計画立案、計画を実行するための準備等を経て、新たな役割・関係性を自分のものとして生き始める」という多段階のプロセスである（メジロー，2012）。次の2点が重要である。

　第1に、きっかけとなる出来事がある。このきっかけをメジローは「混乱を引き起こすジレンマ」を表し、目をみはるような議論、本、詩、絵画、既に受け入れてきた前提に矛盾するような異文化の理解がジレンマを生じさせるとした。第2に、「痛み」を伴う。「痛み」は学習のきっかけとして必要なものであるが、一方で「痛み」が学習の阻害要因となる。多くの人々はなりゆきの方が安心であり、負担が小さい。なりゆきを手放したくないことが阻害要因となる。

■転換の必要性と課題

　日本の第5次環境基本計画では、2015年に、2020年以降の気候変動対策の枠組みを定めたパリ協定が採択され、脱炭素社会への本格的な舵切りが進められることやESG投資の動きの拡大等の潮流の高まりがあることを踏まえて、「今こそ、新たな文明社会を目指し、大きく考え方を転換していく時に来ている」と記した。この転換とは何を指すのか。

　具体的には、環境基本計画における記載内容から、①脱炭素社会を実現

するための分散型国土やコンパクトな市街地づくり、②循環型社会を本格的に構築するための脱物質経済（サービス主導経済、ミニマムな物質消費への移行、③地域主体が地域資源を活用する地域循環経済の再生、④経済成長の量から質への転換、⑤再生可能な資源・エネルギーへの転換、⑥市民が主導する自治社会づくり等をあげることができる。

　U理論や変容学習で指摘されているように、転換は新しいものの形成・普及だけでなく、古いものを手放し、代替するプロセスである。このため、既得権益の側は転換を好まず、行政施策も前例主義となりやすく、なりゆきを維持する抵抗力が働く。転換の痛みを緩和し、転換によるWINWINを創出する工夫が、さらには転換を望ましいとする文化をつくることが求められる。

■関連するキーワード
バックキャスティング、チェンジエージェント、ロックイン、経路依存

■さらに調べよう・考えよう
[1] 社会と組織と人の転換は相互に関連する。ゼロカーボンの実現等の具体的な問題について、これらがどのように関連するのかを調べて、考えてみよう。

[2] 社会問題、経済問題の解決のためにも、転換が必要である。どのような問題でどのような転換が必要であるかを調べてみよう。

■参考文献

松浦正浩（2017）「トランジション・マネジメントによる地域構造転換の考え方と方法論」『環境情報科学』46(4)

白井信雄（2018）『再生可能エネルギーによる地域づくり：自立・共生社会への転換の道行き』環境新聞社

C・オットー・シャーマー（2017）『U理論：過去や偏見にとらわれず、本当に必要な「変化」を生み出す技術』英治出版

ジャック・メジロー（2012）『おとなの学びと変容：変容的学習とは何か』英治出版

2.2 社会システム

ファシリテーション
（対話の促進）

作成：佐藤秀樹

■ファシリテーションとは

　ファシリテーション (facilitation) のファシル (facil) はラテン語で「easy（容易にする、促進する、円滑にする）」を意味し、参加者が主体的に体験する場のワークショップ、学習会や活動等において成果が最大となるように対話を促進することである。ファシリテーションを行う人は「ファシリテーター（facilitator: 促進者、支援者）」と言い、教育現場、企業の組織や地域社会においてグループでのチームワークを引き出し、参加者の意見やアイディアの創造を促す中立的な進行役である。

■ファシリテーションの進め方とスキル

　ファシリテーションは、教育現場における学習の進行、組織の課題解決や社会活動の目的等を達成するために、プログラムや活動の準備といった外的なプロセスや、参加者一人ひとりの考え方などの思考的な過程、参加者同士の関係性等の内面的な心理プロセスにも関与する。ファシリテーターは集団の対話を通じて気づきを促し、課題解決のアプローチやアイディアの創出等の知識創造活動を促進し、そのチームの成果が最大化するための中立的な役割を果たす。

　チームの成果を高めるためには、4つのプロセスによる場づくりが重要である。①意見交換・議論をする場をつくり、つなげていく「共有」、②相手の意見を受け止め共感し、アイディアを引き出す「発散」、③相手の意見をかみ合わせながらアイディアを比較・整理する「収束」、④意見をまとめて、分かち合う「決定」である。

100

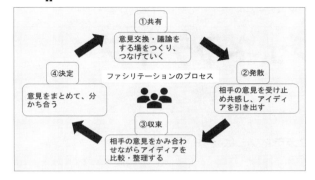

図　ファシリテーションのプロセスとスキル

　ファシリテーターには、対話を促進するために５つのスキルが求められる。①相手を尊重し、耳を傾ける「傾聴」、②共に考え、問いかける「質問」、③記録して見える化する「可視化」、④参加者の動きや感情をよみとる「観察」、⑤振り返りの「内省」である。

■ファシリテーターと持続可能な社会づくり

　環境問題等の複合的な要因が重なる課題解決には、様々な利害関係者がいるため、多様な考え方を検討することや合意形成を図るための意見の交通整理が必要である。その際、持続可能な社会づくりを実現していくためのファシリテーターの果たす役割は大きい。

■関連するキーワード
ファシリテーター、ワークショップ

■参考文献

特定非営利活動法人 日本ファシリテーション協会（2023）『〜ファシリテーションとは〜』
堀 公俊（2018）『ファシリテーション入門〈第２版〉』日本経済新聞出版
森 時彦（2008）『ファシリテーターの道具箱』ダイヤモンド社

リジェネラティブ

作成：鈴木菜央

■リジェネラティブとは

「リジェネラティブ」とは「再生的」を意味し、命を再生し、その命がほかの命を再生するつながりをつくることである。リジェネラティブ○○のように、なんらかの分野と組みあわせて使われるが、概念単体では「リジェネレーション」（再生）を用いる。

　求められている持続可能性の実現のためには、生き物を含む環境そのものへの負荷・破壊を減らすだけでは足りず、すべての生命はつながりの中で存在するという前提で生命を癒やし育むことを通じて、私たちが直面している課題を乗り越えようとする考え方。ポール・ホーケン（2022）は「あらゆる行動や決定の中心に、命を据えること」と定義している。

「リジェネラティブ」の概念は、思想的に探求されているだけでなく、さまざまな実際的分野で発展・展開している。リジェネラティブ農業、リジェネラティブ林業、リジェネラティブ漁業などを中心に、リジェネラティブ建築、リジェネラティブ観光など。

■リジェネラティブのはじまりと今後

「リジェネラティブ」の概念は 80 年代後半に生まれた「リジェネラティブ農業」という考え方や実践に遡る。第二次世界大戦後、世界に急速に広がっていった化学的・工業的な農業の発展と大規模化による耕作地の爆発的な拡大やその結果としての森林消失、動植物の絶滅、土壌劣化など、人間社会・経済の繁栄の前提である環境全体の急速な消失と劣化が進んだ。そのためにも、環境を破壊し生態系から奪う農業から、草木や微生物の力を

借りつつ、土壌を養い命が繁栄する農業としてリジェネラティブ農業が提唱、実践されたのだ。

その背景としては、人類が地球環境や生態系に与えている負のインパクトが限界に達している中、従来の

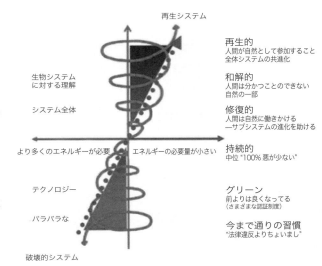

図　サステナビリティとリジェネラティブの関係性（筆者訳）

サステナビリティを実現するプロセスである、「CO_2排出量の削減」や「グリーン」（環境配慮的）という、悪影響を減らしていくアプローチでは、真に持続可能な社会をつくることはできないという議論がある。つまり環境への影響が少ない、または環境への影響をゼロにすることを目指すことはまったく十分でなく、私たちは自然に働きかけて修復し、（私たちを含む）あらゆる命のつながりを理解、尊重し、積極的に多様な生命のつながりを育み、繁栄を手助けする経済と社会の実現が必要だ、というのだ。（サステナビリティとリジェネレーションの比較をまとめた図を参照）

■関連するキーワード

プラネタリー・バウンダリー、システム思考、生態学

■参考文献

Regeneration リジェネレーション 再生 気候危機を今の世代で終わらせる（ポール・ホーケン著）

https://www.yamakei.co.jp/products/2821310450.html

論文「サステナビリティからリジェネラティブへのシフト」ビル・リード 2007年（英語）

https://www.tandfonline.com/doi/full/10.1080/09613210701475753

2.3 企業・経営・経済

CSV（Creating Shared Value）

作成：白鳥和彦

■競争優位を生み出す

　CSV（Creating Shared Value）は、ハーバード大学のマイケル・E・ポーター教授とマーク・Rクラマー研究員が、2011年に発表した論文で提唱された戦略論である。日本語では「共通価値の創造」などと訳されており、経済的価値を創造しながら社会的ニーズに対応することで社会的価値を創造すると定義されている。つまり、企業が事業を通じて社会的な課題を解決することで創出される「社会的価値」と「経済的価値」を両立させるという考え方である。

■共通価値を創造する

　ポーター教授の提唱するCSVで、企業が社会的価値を創造することにより経済的価値を創造できる方法として3点を挙げている。
　①製品と市場を見直す
　　社会的課題を事業機会と捉え、自社の製品サービスで社会課題を解決するような事業の創造・開発
　②バリューチェーンの生産性を再定義する
　　効率化を通じ、コストの削減やサプライヤの育成等を通じて、バリューチェーンを最適化すると共に社会課題を解決する
　③企業が拠点を置く地域を支援する産業クラスターをつくる
　　事業を展開している地域における人材や関連産業、市場などを強化することを通じて、地域に貢献すると共に競争力を向上させる

■CSVはCSRの進化形か？

　CSV は CSR（Corporate Social Responsibility：企業の社会的責任）の進化形・発展形と言われたことがある。しかしながら、CSR と CSV は社会性という意味では似ているが、異なる考え方である。

　ポーター教授はその著書で CSR から CSV への進化として記しているが、この中における「CSR」は古典的な CSR として述べられていた。すなわち社会貢献活動（フィランソロピー）や慈善活動、法令遵守・コンプライアンス、労働安全衛生、環境負荷削減など、社会や環境への自社の責任としてマイナス面を低減するといった守りのイメージである。

　一方、CSV はその企業の持つ強み（経営資源・専門性等）を活かし、ビジネスとして社会問題を解決するという視点であり攻めのイメージである。ポーター教授は、2006 年の論文では従来の CSR を「受動的 CSR」とし、共有価値の想像を目指す取り組みを「戦略的 CSR」と呼んでいた。2011 年の論文では「戦略的 CSR」を CSV という表記に統一している。

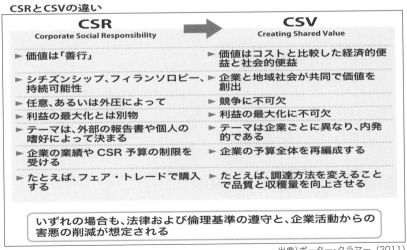

出典）ポーター・クラマー（2011）

図1　ポーター教授の提唱するCSVとCSRの違い

■先んじて取り組んでいる企業はある

　CSVはポーター教授が提唱したと思われているが、早くから打ち出し実行している企業もある。その1つが世界的に有名なネスレである。

　ネスレはCSVの先進的事例としてポーター教授の論文にも出てくるが、そもそもCSVという名前は、ネスレのCSRを他社と差別化するために考え出したもので、ネスレ会長であったピーター・ブラベック−レッツマット氏がCSVをネスレが推進する中で、ポーター教授にこの言葉の使用を促したということである。

　ネスレのCSVは、一番下が「人権とコンプライアンス」、二段目が「環境サステナビリティ」、一番上が「CSV」という三層構造となっており、全体がネスレのCSR活動としている。つまり、「CSV」は、それを支えている「人権とコンプライアンス」、「環境サステナビリティ」についても実施することは重要であるということである。

　その他、キリンホールディングスでは、社会と自社のサステナビリティの取り組みとして、解決するべき社会課題を特定し、具体的なアクションプランを定め、企業グループ全体で社会的価値と経済的価値を創出、社会

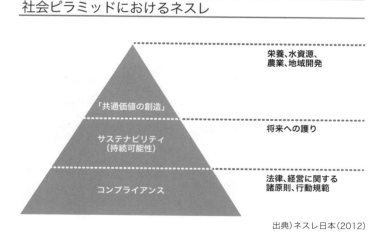

社会ピラミッドにおけるネスレ

栄養、水資源、
農業、地域開発

「共通価値の創造」

将来への護り

サステナビリティ
（持続可能性）

法律、経営に関する
諸原則、行動規範

コンプライアンス

出典）ネスレ日本（2012）

図2　ネスレのCSR

と共に持続的な成長を続けていくこととして、2013年からCSR経営に代えて「CSV経営」という言葉を使っている。 同社では、「酒類メーカーとしての責任」を果たすことを前提に、「健康」「コミュニティ」「環境」の3つを「CSV重点課題」に選定するなど、自社の存在意義と社会へ価値創造から課題を設定し、社内各部門がこの考えの下で取り組みを進めている。

　CSRはISO26000 Social Responsibilityとして、Guidance Documentが作成されているが、CSVはあくまで戦略論であり、社会的価値のレベルの高い企業がモデル化されることがあるものの、多数の企業がCSVに取り組むとも限らない。このため、CSVを表面的な実施／未実施ということだけで捉えてはいけない。

■関連するキーワード
CSR、共通価値

■さらに調べよう・考えよう
[1] CSV経営を称している企業を調べ、その考え方や取り組みの特徴を考えてみよう。
[2] 社会的価値と企業価値を共に作り出すために、どのようなことが重要か、企業がそれを進めるうえで何が問題となるのかを考えてみよう。

■参考文献

ネスレ日本（2012）『共通価値の創造報告書2012』
マイケル・E・ポーター・マーク・R・クラマー（2011）「共通価値の戦略」『DIAMOND
　ハーバードビジネスレビュー』
キリン　Webサイト　https://www.kirinholdings.com/jp/impact/

企業・経営・経済

2.3 企業・経営・経済

ESG投資

作成：白鳥和彦

■ESG投資とは

「ESG」とは、環境（Environment）、社会（Social）、ガバナンス（Governance）の頭文字を取った言葉である。2015年に国連で採択されたSDGs（持続可能な開発目標）やパリ協定とともに、近年、大変注目されている。Eは、地球温暖化対策、気候変動対応、資源循環・廃棄物削減、自然環境・生物多様性の保全などである。Sは、人権の尊重、安全・安心・快適な社会、地域社会貢献、ダイバーシティなど多方面にわたる社会的課題である。Gは、透明な経営、法令順守などである。

サステナビリティを目指すなかで、このESGに取り組む事は今や必須である。すなわち、ESGの取り組みが高い企業は持続的な成長が期待でき、それが低い企業は持続的成長が望めないとも言える。

投資家が企業に投資をする際に、かつては財務的な指標が主であったが、近年はESGが投資の判断基準となってきた。また一方で、投資家が企業の環境問題や社会課題（ESG）を評価し、投資行動をすることで、環境問題や社会課題への対応を進めることにも繋がる。このように投資家がESGの観点で投資することをESG投資と呼んでいる。

■ESG投資は、企業のサステナビリティの取り組みを加速させる

ESG投資の多くは、日経平均、TOPIXなどと同様なインデックスによって行われ、グローバルなESG投資インデックスとしては、DJSI（The Dow Jones Sustainability Indices）、MSCI（Morgan Stanley Capital International）ESG Rating、FTSE4Goodなどがある。

投資家がESG投資を行うということは、上場企業など金融市場で評価される企業においてはESGの取り組み（ESG経営などとも呼ばれている）を進めていかないと評価が高まらない。企業がESGの取り組みを進め、投資家に評価されると（実際には格付け評価機関が企業を評価されることが多い）、ESG投資のインデックスに組み入れられる。すなわち、ESG投資のインデックスに組み入れられた企業は、ESG経営（ここではCSR経営と同義とする）が高いとも言える。WebサイトやCSRレポートなどに、インデックスに組み入れられたことを記載している企業が多い。

■ESG投資のきっかけ

ESG投資が広く認知され、拡大していくきっかけとなったのは、国連環境計画・金融イニシアティブ(UNEP FI:UNEP Finance Initiative)が2006年に出した「責任投資原則（PRI:Principles for Responsible Investment）」である。原則は6項目からなるが、投資家に対し、企業の分析や評価を行った上で長期的な視点を持ち、ESG情報を考慮した投資行動をとることを求めるものである。つまりは、投資家として環境問題や社会課題に対する責任ということである。

［責任投資原則］
1. 投資分析と意思決定のプロセスにESGの課題を組み込むこと。
2. 活動的な株式所有者になり、株式の所有方針と所有慣習にESG問題を組み入れること。
3. 投資対象の主体に対してESGの課題について適切な開示を求めること。
4. 資産運用業界において原則が受け入れられ、実行に移されるように働きかけを行うこと。
5. 原則を実行する際の効果を高めるために、協働すること。
6. 原則の実行に関する活動状況や進捗状況に関して報告すること。

世界的にESG投資額が拡大しており、日本では、年金積立金管理運用独立行政法人（GPIF：Government Pension Investment Fund）が2017年に年金積立金の運用をESG評価に基づき行うことになってから拡大している。

企業・経営・経済

109

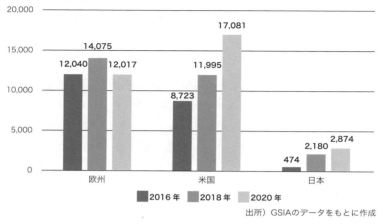

投資残高（十億ドル）

図　世界のESG投資残高の推移

■ESG投資の考えは古くからあった

　PRI 以前から責任ある投資行動の考えはあった。

　1920 年代にはキリスト教はその倫理的観点から、武器、ギャンブル、たばこ、アルコールなどの産業は投資対象から外していた（ネガティブ・スクリーニングと呼ばれる）。

　1990 年以降（特に 2000 年代に入って）、投資家が、財務的指標だけでなく環境や社会への取り組み（CSR）においても評価するようになり、SRI（Socially Responsible Investment）と呼ばれていた。ESG 投資の原型とも言われる。

　日本では 1999 年に、日興證券から「エコ・ファンド」、損保ジャパンから「ぶなの森」という企業の環境経営を評価して投信・運用するファンドも設定された。「ぶなの森」は、運用開始から 20 年を迎えるが、環境問題に特に積極的に取り組む企業を投資対象とし、中長期的な視点で投資先企業を選定することで、安定した運用実績を目指している。直近の実績でも、基準価額はベンチマークとしている TOPIX（東証株価指数）の推移を上回っている。また、損保ジャパンによる ESG 投資商品は受託残高

が 1,000 億円を突破するなど、国内でも ESG 投資が拡大している。

■地域の活性化にも繋がるESG

　ESG 投資は株式を中心とした投資運用であるが、金融機関が企業に融資を行うことに対しても ESG の観点を含めることで、サステナビリティへの取り組みは促されるはずである。特に日本では、地域金融機関は地域企業への融資を行い地域経済の発展に寄与している。現在、環境省や金融庁が、地域金融機関が ESG の観点を考慮して融資する「ESG 地域金融」の促進を図っている。

■関連するキーワード

ESG、CSR、SRI、エコファンド、地域金融

■さらに調べよう・考えよう

[１] CSR や ESG の取り組みが高いと思われる企業が、ESG インデックスに組み入れられたかどうかを調べ、どのような CSR や ESG の取り組みが評価されたかを考えてみよう。

[２] 世界および日本の ESG 投資の状況（投資額）を調べ、世界の ESG 投資の動きや、その背景を考えてみよう。

■参考文献

環境省 Web サイト　ESG 地域金融　https://greenfinanceportal.env.go.jp/esg/promotion_program.html　（2023 年 1 月 20 日最終閲覧）

原田哲志（2022）「ＥＳＧ投資の近年の進展 , ニッセイ基礎研レポート」

https://www.nli-research.co.jp/report/detail/id=70652?pno=2&site=nli　（2023 年 1 月 20 日 最終閲覧）

GSIA（Global Sustainable Investment Alliance）（2020）GLOBAL SUSTAINABLE INVESTMENT REVIEW 2020

http://www.gsi-alliance.org/wp-content/uploads/2021/08/GSIR-20201.pdf　（2023 年 1 月 20 日 最終閲覧）

エシカル消費

作成：白鳥和彦

■エシカル消費とは何か

エシカル（ethical）とは倫理的な / 道徳上の /（社会規範に照らして）正しいとの意味で、エシカル消費を直訳すればと倫理的消費と訳される。しかし、現在用いられているエシカルとは多義的な概念であり、新しい価値観として捉える必要がある。

消費者庁によれば、エシカル消費とは「消費者それぞれが各自にとっての社会的課題の解決を考慮したり、そうした課題に取り組む事業者を応援しながら消費活動を行うこと」と定義している。

これは現在、地球環境問題や社会的課題などを抱える社会において、消費を通じて、社会的課題の解決に繋げる、企業を変えていくことの意味である。

■SDGsとのつながり

2015 年に採択された持続可能な開発目標（SDGS）の 12 番目は、「つくる責任・使う責任」が掲げられている。ターゲット 12.8 には、「2030年までに 、人々が あらゆる場所 において 、持続可能な開発 及び 自然と調和したライフスタイルに関する情報と意識を持つようにする。」となっており、まさにエシカル消費の目指すことと同義である。

■日常のあらゆることがエシカルにつながっている

衣食住あらゆる面で、私たちの身のまわりにある食品や製品は、原材料の調達、生産・加工、輸送、そして消費の段階とあり、さまざまな国、地

域、人が関わっている。食品や製品を選ぶということは上流にあるさまざま繋がりのいずれか選ぶということでもあり、出来るだけ上流の人や社会、地球環境、地域社会などに配慮した食品や製品を購入・消費することで、社会課題の解決に繋がるのである。

フェアトレード、エコラベル（サステナブルラベル）、グリーン調達・CSR調達、社会的責任投資、ソーシャルマーケティング等々関連する事項は、地域CSR認定など、枚挙にいとまがない。

■知る・学ぶことの重要さ

しかし、普段の生活の中では直接的に上流にある社会的課題に触れることがなく、エシカル消費という言葉の認知度はまだ高くない。電通の「エシカル消費 意識調査2022」によれば、「エシカル消費」について「意味まで知っている」「名前は知っている/聞いたことがある」を合計した名称認知率は全体で41.1%（前回調査の24.0%から伸長）であり、一人ひとりがエシカル消費や行動と社会との関係性について知る・学ぶことが重要である。

消費者庁は、Webサイトや教材の提供を通じてエシカル消費教育を進めている。また企業や関連する組織が集まったエシカル推進協議会などは、産業界および消費者のエシカルな取り組みを進めるためエシカル基準の策定なども行っている。

■関連するキーワード
フェアトレード、エコラベル、グリーン調達

■参考文献

電通（2022）「電通「エシカル消費 意識調査2022」を実施」『電通調査レポート』
消費者庁Webサイト　エシカル消費
https://www.ethical.caa.go.jp/index.html
エシカル推進協議会Webサイト
https://www.jeijc.org/

企業・経営・経済

サーキュラーエコノミーとシェアリングエコノミー

作成：白井信雄

■ビジネスとしてのサーキュラーエコノミーへ

　サーキュラーエコノミー（循環型経済）は、大量生産・大量消費・大量廃棄型の一方通行の経済社会活動を改め、3R（リデュース、リユース、リサイクル）を推進するともに、新たなビジネスモデルを創出し、循環と経済成長の両立を図る考え方である。

　サーキュラーエコノミーの考え方は新しいものではなく、例えば、経済産業省では1990年代からリサイクル産業の集積による地域産業の振興を図るエコタウン事業が推進されてきた。近年では、EUの2015年と2020年の「サーキュラーエコノミー行動計画」に示されているように、デジタル技術の導入とグローバルなレベルで横断連携を進めることにより、大企業を中心としたグローバルな視点での経済政策という色合いが強く打ち出されている。また、気候変動対策が強化されるなか、カーボンニュートラルとサーキュラーエコノミーの同時実現が強調されるようになっている。

　EUにおいては、「持続可能な製品（Sustainable product）」に関する政策が導入される予定であり、日本の産業界ではEU市場から排除されないような対応が必須となっている。

■サーキュラーエコノミーのビジネスモデル

　サーキュラーエコノミーのビジネスモデルは、モノの設計、生産、消費、廃棄の各段階において3Rへの配慮を行うものとして、多様な形で創出される（表参照）。「リサイクル材料の使用」、「製品自主回収等によるリサイクルの徹底」、「水平利用等の高度リサイクルの実現、最適なリサイクル」

表　サーキュラーエコノミーのビジネスモデルの事例

設計段階	・３R 配慮設計
	・長期使用可能な製品・サービスの設計
	・リサイクル材料の利用
生産段階	・生産工程の最適化による生産ロスの削減
	・端材や副産物の再生利用
	・需要に応じた供給による販売ロスの削減
利用段階	・リース方式によるメンテナンスまでを含めた製品の活用
	・空き家等の遊休資産の有効活用
	・中古品のリユースやカスケード利用
廃棄段階	・製品自主回収等によるリサイクルの徹底
	・高度リサイクルの実現、最適なリサイクル
	・IoT を活用した廃棄物回収ルート・頻度の最適化

出典）経済産業省（2020）より作成

等のリサイクルを促進する取組の他、「長期使用可能な製品・サービスの設計」、「リース方式によるメンテナンスまでを含めた製品の活用」、「中古品のリユース」のようにリデュースやリユースに関するビジネスモデルもある。リース方式はオフィスのプリンター等で行われているが、リース会社がメンテナンスを行うことで、モノの長寿命化が図られている。

■シェアリングエコノミー

　シェアリングエコノミーは、「インターネットを介して個人と個人・企業等の間でモノ・場所・技能などを売買・貸し借りする等のビジネスモデル」である。利用段階のサーキュラーエコノミーのビジネスモデルである。モノの所有を見直し、「脱所有」を進めることに特徴がある。

　シェアリングエコノミーは、非稼働・遊休の資源の効率的な使用を促すことを狙いとして、インターネットを活用して、資源と利用者のマッチングを行うこと、定額制（サブスクリプション）で契約してお得感を出すこと、企業対個人だけでなく、個人間での資源の交換を促すことに特徴がある。

　例えば、車、空き部屋、ペット、自動車、ボート、家、工具等がシェアの対象となっている。企業の持つ倉庫、トラック、オフィスといった非稼働・遊休の資源の交換、個人の持つスキル・空き時間等も交換の対象になる。

　シェアリングエコノミーにおいては、非稼働・遊休の資源の利用を活発

115

化させるため、経済面の効果が大きい。環境面ではプラスとマイナスの両面があるため、注意が必要である。環境面のプラス面は自分で資源を所有しないために無駄な使用を控える可能性があること、逆にマイナス面では需要が喚起され、必要以上に消費が創出されることがある。ビジネスモデルの個別について、環境面のプラスとマイナスの厳密な評価が必要である。

■サービサイジング

　シェアリングエコノミーが「脱所有」であることに対して、サービサイジングは「脱物質」によりリデュースを進めるビジネスをさす概念である。「モノ（だけ）ではなく、サービスを提供することで、新たな付加価値を生み出すビジネスモデル」である。図に示すように様々なタイプのサービサイジングのタイプがある」。

　サービサイジングの究極のタイプは、モノの生産・消費を無くすものである。音楽や映像の電子配信、チケットや通帳の電子化（チケットレス、ペーパーレス）がそれにあたる。

　モノを完全に無くすのでないが、「モノをサービスとして売るタイプ」のビジネスもある。この例として、「あかりの機能提供型サービス」がある。LED照明器具をリースにして、メンテナンスを行うことも合わせたサービスを提供している。

■ローカルな循環

　サーキュラーエコノミーは、時代を先取りする新しいビジネスモデルということでもない。例えば、江戸時代には、古着を着ることが当たり前で、衣服の仕立て直し（リペア）と使いまわし（リユース）が行われていた。紙くずひろいや下駄の歯交換、燃え残ったろうそくの買い取り等もビジネスになっていた。江戸時代の3Rの優れた点は、地域に密着したローカルな循環であったことにある。グローバルな市場における生存戦略の手段ではなく、ローカルな循環による豊かな社会の創出という観点からも、脱所有や脱物質を考える必要がある。

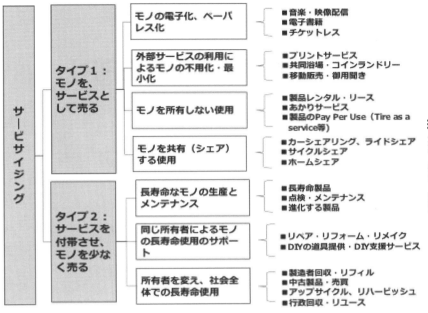

図　サービサイジングのタイプ分けとビジネスモデル例

　例えば、京都市ごみ減量推進会議が運営している修理ナビサイト「もっぺん」は、市内の洋服や家具などの日用品からパソコン・時計といった家電の修理やリメイクやリユース（リサイクル）に携わるお店を紹介している。

■関連するキーワード
3R、アップグレード、リペア、ミニマリスト

■さらに調べよう・考えよう
脱所有、脱物質の方向の新しいビジネスモデルを探してみよう。

■参考文献

梅田靖・21世紀政策研究所編著（2021）「サーキュラーエコノミー：循環経済がビジネスを変える」勁草書房

石川英輔（1997）「大江戸リサイクル事情」講談社

拡大生産者責任(EPR)

作成：吉田 綾

■EPR(Extended Producer Responsibility)とは

　生産者の責任を、その製品の使用後の段階まで拡大し、使用済み製品の適正なリサイクルや処理について物理的または財政的責任の一部を負わせる環境政策アプローチである。実際には、生産者が使用済みの製品を回収して、選別し、処理・リサイクルする物理的な責任、もしくは、それに必要な財源を提供することで責任を果たすことが求められる。

■EPR誕生の背景

　1970年代のオイルショックにより、欧米諸国では、資源・エネルギーに対する懸念が一気に高まった。80年代には、環境規制の強化やごみ処理費用の上昇、新しい埋立処分場の設置が困難となるなど、廃棄物管理の問題に直面した。そこで、これまで自治体が担っていたごみ処理の責任の一部を民間（対象製品のライフサイクルに関わっている当事者）に移転することで、市場経済のもとで、より効率的にリサイクルを推進しようというのがEPRの背景にある考え方である。

■2001年以降、急速に普及

　1970年に世界初の政府立法によるビールやソフトドリンクの缶や瓶の回収率向上のためのデポジット・リファンド制度が、カナダのブリティッシュ・コロンビア州で導入された。これは、飲料の価格に一定額の預り金（デポジット）を上乗せして販売し、消費者が空の飲料容器をリサイクルのために返却すれば、その預り金の全部もしくは一部を返却者に戻す（リ

ファンド）という制度である。

　1980年代後半には、EPRは環境政策の原則として、多くの国で定着してきた。経済開発機構（OECD）が、2001年に政府向けのガイダンス・マニュアルを作成したことで、電気電子機器、容器包装、タイヤ、自動車、電池など、さまざまな製品に普及した。現在、世界中で約400のEPR制度が導入されている。政策手法で最もよく用いられているのは、製品の引き取りで、全体の4分の3近くを占めている。残りのほとんどは、処分費用の前払い（Advanced Disposal Fees: ADF）とデポジット・リファンドである。個々の企業が独自のシステムを構築している場合もあるが、多くの場合、生産者は生産者責任組織（Producer responsibility organisations: PRO）を形成し、複数の企業で製品を回収する集団的なシステムを構築している。

　日本では、循環型社会形成推進基本法でEPRが位置づけられ、容器包装リサイクル法、家電リサイクル法、自動車リサイクル法などにEPRが導入されている。

企業・経営・経済

表　OECD「拡大生産者責任ガイダンス・マニュアル」におけるEPR

（1）定義	製品のライフサイクルにおける消費者より後の段階にまで生産者の物理的または財政的責任を拡大する環境政策上の手法
（2）主な機能	廃棄物処理のための費用または物理的な責任の全部または一部を地方自治体及び納税者から生産者に移転すること
（3）4つの主要な目的	①発生源での削減（有害物質の回避、再生材の使用）②廃棄物の発生抑制（製品の軽量化、容器包装の軽量化）③環境にやさしい製品設計④物質循環のループを閉じる（循環経済）
（4）効果	製品の素材選択や設計に関して、上流部側にプレッシャーを与える。生産者に対し、製品に起因する外部環境コストを内部化するような適切なシグナルを送ることができる。
（5）責任の分担	製品の製造から廃棄に至る流れにおいて、関係者によって責任を分担することは、拡大生産者責任の本来の要素である。
（6）具体的な政策手法の例	①製品の引き取り②処理費前払い（ADF）③デポジット・リファンド

■関連するキーワード
環境配慮設計、デポジット・リファンド制度

■参考文献

OECD, 2016, Extended Producer Responsibility Updated Guidance for Efficient Waste Management. https://doi.org/10.1787/9789264256385-en

予防原則

作成：白井信雄

■予防原則と未然防止原則

　予防原則（Precautionary Principle）とは、「将来生ずる可能性のある環境への悪影響を未然に防止すること、科学的不確実性を理由に取るべき措置を延期しない」ことをいう。「環境と開発に関するリオ・デ・ジャネイロ宣言」（リオ宣言、1992年）第15原則に予防原則の必要性が示されている。よく似た言葉に、未然防止原則（Preventive Principle）がある。環境基本法の第4条に、「環境への悪影響が発生することが予見される場合に、影響が発生してから対応するのではなく、未然に防止する」と記されている。環境への悪影響に関する知見が不確実であっても防止措置を取るべきとする点が、未然防止原則と予防原則の違いである（表参照）。

■予防原則の適用例

　予防原則の適用例として、オゾン層破壊物質であるフロン禁止がある。モントリオール議定書（1987年）では、オゾン層破壊のリスクについての科学的な解明が不完全であったにもかかわらず、オゾン層破壊物質の規制措置が合意された。その後、科学的知見が充実され、オゾン層を守るための規制物質の追加、規制スケジュールの前倒し等の対策が強化された。

　気候変動も予防原則により対策が取られてきた。1990年代にはその現象や原因の解明、将来予測等に不確実性があり、懐疑的な見方もあったが、温室効果ガスの排出目標が決められ、対策が取られてきた。今日では、気候変動の進展が顕在化しつつあり、現象や原因の確からしさが高まっていることから、気候変動対策は未然防止を適用する段階になっている。

表　未然防止原則と予防原則の相違点

	対策の実施時点	問題の発生時点	問題の発生の確実性	必要性
未然防止原則	現在	将来	高（予見）	水俣病等の公害問題での対策の遅れ
予防原則	現在	将来	低（予測、可能性）	地球規模で複雑かつ不可逆的な問題

政策・地域づくり

■不確実性とのつきあい方

　現象解明が不確実であっても、予防原則が必要な理由として、人の生命や生物の生存を損なう不可逆的な問題に対しては、対策の遅れの回避が最優先であることがあげられる。

　ただし、私たちの周りには、様々な化学物質があふれており、その環境や健康への影響はメカニズムが複雑であるために、現象が解明されていないことも多い。この状況においては、人工的な化学物質の使用を完全に断ち切ってしまうことが予防原則だろうか。科学の知見の不確実性の程度を判断しながら、予防原則の実践を考えていかなければならない。

■モニタリングによる順応型管理

　不確実性のある問題に対して、最大限の被害を想定した対策をとればよいものではない。このため、不確実性が大きい問題に対して、対策の実施とモニタリングを密に実施し、モニタリングの結果に応じて対策を見直すという科学と政策を連動させた方法として、順応型管理がある。順応型管理は、もともと資源量把握等の不確実性が大きい水産資源や現象解明に限界がある自然生態系システムの管理で導入されてきた。

■関連するキーワード
不確実性、比例原則、順応型管理、リスク管理

■参考文献
　損害保険ジャパン・損保ジャパン環境財団編（2010）「環境リスク管理と予防原則：法学的・経済学的検討」有斐閣

バックキャスティング

作成：白井信雄

■フォアキャスティングとバックキャスティング

　長期的な視点から、将来に向けた対策を検討する方法には、大きくフォアキャスティング（forecasting）とバックキャスティング (backcasting) の2つの方法がある。

　フォアキャスティングの方法では、対策を実施しないケース（BAU：Business As Usual、成り行きの将来）と対策を実施する複数のケース（代替案）を設定し、各ケースにおける対策効果や実現可能性等を評価項目として、代替案を評価し、選択するというような方法がとられる。

　これに対して、バックキャスティングでは将来における、あるべき姿（ビジョン）を設定し、その達成の実現経路（パス）を描く。バックキャスティングにおいても、将来に至る経路には代替案があり、その経路の評価・選択を行うが、（現在から将来ではなく）将来から現在を逆方向で描くことで、フォアキャスティングとは異なる経路を描くことができる。

■バックキャスティングの必要性と具体的な方法

　一般的に10年後を目標年次とする計画は、将来像を定性的に描いたとしても、既に実施している対策を実行可能な範囲で積み上げていくフォアキャスティングである。計画に新たな対策を追加するとしても、その正当性が根拠不足とされ、実行可能性が重視され、社会転換を図るような、より抜本的で挑戦的な対策は追加されにくい。

　バックキャスティングの方法をとることにより、あるべき姿の実現に向けた挑戦的な対策の正当性を確認し、その対策を計画に位置づけ、実行に

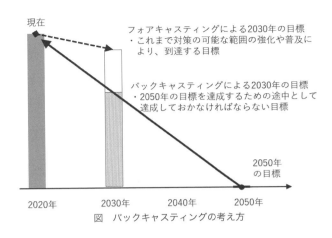

現在

フォアキャスティングによる2030年の目標
・これまで対策の可能な範囲の強化や普及に
より、到達する目標

バックキャスティングによる2030年の目標
・2050年の目標を達成するための途中として
達成しておかなければならない目標

2050年
の目標

2020年 　　　　2030年 　　　　2040年 　　　　2050年

図　バックキャスティングの考え方

政策・地域づくり

向けて動き出すことができる。

　例えば、気候変動への緩和策の計画は、2050年に温室効果ガスの排出量実質ゼロという目標を設定し、そのパスを描くという点で、バックキャスティングの方法をとることになる。ただし、バックキャスティングの方法は地域の地球温暖化防止計画において採用されているが、2030年という中間時点の数値目標を設定するだけにとどまり、そこに至る経路を明確にはしていない場合が多い。目標を達成するための実現経路と具体的な手順をロードマップとして示すことが必要である。また、ロードマップを絵にかいた餅にしないためには、その実効性を担保する仕組みや組織、人を確保することが必要となる。

 ■関連するキーワード

トランジション、予防原則

■参考文献

松浦正浩 ,2017,トランジション・マネジメントによる地域構造転換の考え方と方
　　法論 ,『環境情報科学』46(4)
倉阪秀史 ,2017,未来ワークショップ -2040年の未来市長になった中高生からの政
　　策提言 ,環境情報科学 46-4

パートナーシップ（協働）

作成：白井信雄

■パートナーシップの必要性

　パートナーシップ（協働）とは、異なる属性や特性を持つ主体が役割を分担し、資源を提供しあい、連携しあうことで、共通の目的を達成することである。行政と市民の協働（公民協働）、これに企業等を加えた協働（産学官連携）、あるいは市民活動間や市民活動と企業、行政と企業等においてもパートナーシップが進められている。

　パートナーシップの効果として3点をあげる。1つめは適切な役割分担と連携によるアクションの実現と効果の増幅である。例えば、市民や企業の自主的な取組みを促すうえで、公民協働が不可欠となる。2つめは協働により、異なる主体で刺激しあい、相互の理解が進むという学習効果である。3つめは協働により社会関係資本が形成され、関係の中での歓びが得られる。SDGsの17番目のゴールがパートナーシップであるが、パートナーシップは手段であるとともに目標である。

■パートナーシップの原則

　パートナーシップで重要なことは、つながる主体が目的を共有し、対等の関係をもって、自主的かつ自由に活動を行うことである（図）。公民協働において、市民が活動の目的を共有して自主的に取り組んでいなければ、それはパートナーシップではない。行政が作成した仕様書に基づく行政から市民活動団体への委託は対等の関係にあるとはいえず、パートナーシップではない。この点に注意が必要である。

　協働の基盤としては、透明性が確保されていなければならない。行政が

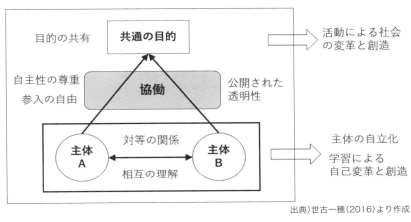

出典）世古一穂（2016）より作成

図　パートナーシップ（協働）の原則

政策・地域づくり

持つ情報へのアクセスが確保され、透明性があることで、相互の信頼感が形成される。

■パートナーシップの事例

　市民協働条例を制定している横浜市では、行政が協働契約を締結した市民協働事業を支援している。例えば、市民団体同士の連携への支援としては、複数の市民活動団体の連携による「協働リーダー養成プログラム」の開発と実施が支援されている。行政と市民活動団体との協働としては、「区民活動センター」、子どもたちを地域で支える常設型の支援施設「子どもの生活塾」等の運営がなされている。また、行政と大学との協働としては、地域のプロモーション映像の制作等が進められている。

 ■関連するキーワード
　社会関係資本、SDGs、参加、市場の失敗、政府の失敗、ボランタリーの失敗、自助・共助・公助

■参考文献

世古一穂（2016）「参加と協働のデザイン」学芸出版社

125

地域循環共生圏

作成：中島恵理

■地域循環共生圏とは？

　地域循環共生圏とは、各地域がその特性を活かした強みを発揮し、地域ごとに異なる資源が循環する自立・分散型の社会を形成しつつ、それぞれの地域の特性に応じて近隣地域等と共生・対流し、より広域的なネットワークや経済的つながりを構築していくことで、新たなバリューチェーンを生み出し、地域資源を補完し支えあいながら農山漁村も都市も生かす地域づくりである。第5次環境基本計画（2018）において、地域レベルで、環境・経済・社会の統合的向上、地域資源を活用したビジネスの創出や生活の質を高める「新しい成長」を実現するための新しい概念として、地域循環共生圏を提唱した。

　地域循環共生圏では、水、木材等の再生可能資源や交通、建物等の人工的ストック等の地域固有の資源を活かし、地域特性に応じて異なる資源を循環させる自立・分散型の地域づくりを目指す。自然と人との共生に加え、地域資源の供給者と需要者といった人と人との共生の確保も目指している。

　地域循環共生圏では、お互いに連携・協力し合うことも重要である。例えば、農山漁村からは、食や水といった自然から得られるサービスを都市に提供し、都会からは、エコツーリズムやワーケーション等を通じ自然の恵みへの対価を支払うことで農山漁村及び都市の持続可能な地域づくりを支えあうことができる。

　地域循環共生圏は、それぞれ対象とする資源や活動により、コミュニティ・集落、市町村、広域圏など、多様な圏域での活動が展開できる。地域の特性、ニーズや課題に応じ、市民、企業、行政等とのパートナーシップ

出典）環境省資料

図1　地域循環共生圏の概念図

のもと、技術・ライフスタイル・経済社会システムのイノベーションを起こしながら社会変革を起こしていくことが期待されている。

■地域循環共生圏の取組例

○再生可能エネルギーを活用した地域循環共生圏

　地域の再生可能エネルギーを活用して地域新電力等のエネルギー会社を立ち上げ、地域の再生可能エネルギーを供給し、その売り上げ等を活用して地域課題を解決する取り組みが行われている。熊本市では、清掃工場を核にした地域新電力が立ち上げられ、電力の供給に加え、大型蓄電池設置や自営線設置とＥＶ充電拠点整備がなされている。熊本市は、当該新電力から電気を購入し、削減された電力支出費を活用して、ZEH、EV 等の導入補助として活用されている。

　また、再生可能エネルギーによる広域連携の取組として、2020 年 11 月に東京都世田谷区と新潟県十日町市との間で日本初のゼロカーボンシティ同士の電力連携協定が締結された。これにより十日町市の松之山温泉の地熱発電による電気が世田谷区民や公共施設に供給される。

○地域資源を活用した地域循環共生圏

　地域の農地や山林等から得られる資源を加工・活用した事業化し、地域課題を解決する取り組みが行われている。例えば、「みんなの奥永源寺」という会社がオーガニックコスメの販売により、絶滅危惧種の保存と限界

集落の活性化に取り組んでいる。紫草という絶滅危惧種を耕作放棄地に栽培し、化粧品に加工、ツアーの開催により来訪者を増やしている。

○廃棄物処理を軸とした地域循環共生圏

　地域の廃棄物を資源として捉え、地域内で製品やエネルギー等へ転換する取り組みが行われている。例えば、「富山環境整備」では、2つの焼却発電設備から発生する電気と熱を利用して、28棟からなる温室ハウスでフルーツトマトやトルコギキョウを栽培している。栽培したトマトは加工品やパンの製造・販売にも活用されている。この次世代施設園芸の経験をもとに、地域住民と稲作を始め、農業従事者の高齢化や後継者不足などの地域課題解決に取り組んでいる。

■地域循環共生圏を推進するツール 〜地域経済循環分析〜

　現在多くの地域においては、地域の資金の多くが地域外に流出している状況にある。地域循環共生圏構築の必要性を地域内で共有するためには、地域内の経済循環の実態を明らかにしていくことが有効である。

　環境省は、自治体毎の産業別の生産額、雇用者所得、石油・ガスなどのエネルギーに使用している額、域外収支など、地域経済の特徴が一目でわかる分析ツールである「地域経済循環分析」を、環境省ウェブサイトに公開している。これにより、「地域からエネルギー代金の流出はどの程度か？」などの分析ができ、再生可能エネルギー推進施策の地域経済に与える効果を明らかにできる。

■ESG地域金融の推進

　地域循環共生圏の構築にあたっては、地域の資源を活用した新たな事業を立ち上げていくための資金が必要不可欠である。また、より良い事業を立ち上げていくために、地域金融機関がつなぎ手となって地域の関係者との連携・協働体制を構築していくことも必要である。

　環境省では、2021年4月にESG地域金融実践ガイド2.0を策定した。これは、金融機関として地域循環共生圏の活動を支援するESG地域金融

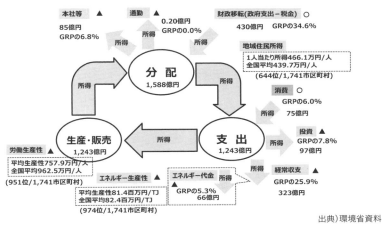

図2　地域循環経済分析の出力イメージ

に取り組むための体制構築や事業性評価の事例をまとめたものである。

　また、国と地方銀行との連携の取組も進められている。例えば、三井住友信託銀行と北海道地方環境事務所とのESG地域金融に関する連携協定により、地域循環共生圏や地域脱炭素の実現に向けて、金融機関による講師派遣やヒアリング、事業の掘り起こし等の伴走支援が行われている。

 ■関連するキーワード
ローカルSDGs、ゼロカーボンシティ

 ■さらに調べよう・考えよう
[1] 地域循環共生圏の取り組みが、どのように環境問題を解決しさらに、社会福祉の向上や経済社会の発展につながっているのか、具体的な事例から分析をしてみよう。
[2] 自分の住んでいる地域において、どのような地域の資源を活用しながら地域の社会課題を解決できる可能性があるか、考えてみよう。

■参考文献
環境省（2018）『環境基本計画』（平成30年4月17日閣議決定 第5次計画）
環境省（2021）『令和3年版環境白書』第3章
藤山浩・有田昭一郎・豊田知世・小菅良豪・重藤 さわ子（2019）『「循環型経済」をつくる（図解でわかる田園回帰1％戦略）』農山漁村文化協会

129

流域圏

作成：橋本淳司

■水循環、物質循環が起こる範囲

　水平でない土地に雨が落ちたとき、水は傾斜にそって低いほうへ流れていく。流れは集まってやがて川となり、最終的には海に注ぐ。流域圏とは、降った雨が地表や地中を流れ、やがて一筋の川として集まり海へ出ていく範囲である。

　一筋の流れにまとまるまでには、さまざまな水の動きがある。大地にしみ込んだ水が湧水となって地表に出たり、いくつもの小さな流れが集まり大きな流れになったりする。こうした水の動きは、流域圏の地形、地質、人間の土地利用によって異なる。

　利水、治水、水環境に関連するさまざまな問題は流域圏にある。水枯れ、豪雨災害、地下水汚染なども、問題が発生した点だけに注目するのではなく、上流域から中流域、下流域へ、また、地表水から地下水へと、流域圏全体の水の流れを面的に考える必要がある。

■流域圏と人間活動の影響

　流域圏では水を介した物質の循環が行われる。森に降った雨は、枯れ葉や落ち葉ともに土中に蓄えられ、その過程で窒素、リン、鉄などの栄養分を溶かし、川に流れたり地下にしみ込んだりする。これらは川に生息する生物や川辺の植物、海のプランクトンや海藻にとって貴重な栄養素となる。農業や漁業に大きな影響を与える汚染物質も、流域単位で広がる。上流域に汚染物質が投棄されれば、水の流れを通じて下流域に広がっていく。流域圏では森から川へ、そして海をも含めた広大な範囲で互いに作用しあっ

ている。

　流域圏における水循環、物質循環は、人間活動の影響を受ける。都市化や農地の開発など土地利用の変化、ダムによる貯水、農業用水、生活用水、工業用水など各種用水の河川からの取水と排水、地下水の利用、築堤などの河川改修など、様々な要因で大きく変化する。たとえば、上流部の人工林が皆伐されたり放置されたりすると地盤が脆弱化し、暴風雨などによって土砂や樹木が下流域へ流れるし、まちがコンクリートに覆われれば水は地下に浸透しにくくなる。

■流域圏は共同体

　生態系とは、人間を含めて互いに関わりあって生きているすべての生き物と、それを支える水、土、空気など環境全体を指す。流域圏における森林、里山、河川、湿地、干潟といった環境のまとまりも生態系の要素だ。流域圏はそこに暮らす人間、生息・生育する生物にとって共同体と言える。流域圏にはそれぞれの特性にあった生物がすむ。

　流域の森林が減少したり、土地の利用が変わったりすると、水循環、物質循環に変化が生じ生態系に影響する。

■流域圏と人の暮らしの変化

　明治期以前、人の暮らしは流域圏にあった。舟運が発達し、上下流で人、物、文化の交流があった。明治期以降、自動車や鉄道が発達すると都市と地方が直接道路で結ばれ、人、物、文化の流れが変化し、流域圏という概念は希薄になった。現在、水災害の頻発などによって再び流域圏が注目されている（図参照）。

■流域圏と水の管理

　水の管理は流域圏を単位として行うのが自然だ。気候変動によって水の動きが変われば、利水、治水、食料生産などに影響が出る。流域の総合的かつ一体的な管理が必要になる。それは特定の管理者が流域圏を管理する

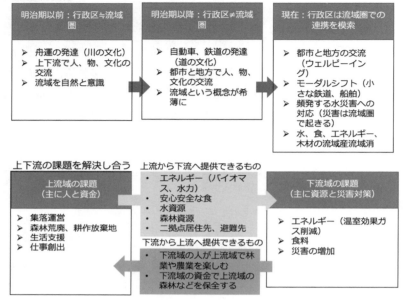

図　流域の変化および上下流が連携してできること

というものではない。「流域圏における健全な水循環、物質循環を構築する」というコンセプトのもと、森林、河川、農地、都市、湖沼、沿岸域など、流域の上中下流域において関係する行政、企業、市民などの様々な主体が連携して行う。

　流域の課題を上下流が連携して解決することも考えられる。上流域の課題には、集落運営、森林荒廃、耕作放棄地、鳥獣害の深刻化、生活支援、仕事創出などがある。下流域の課題には、エネルギー(温室効果ガス削減)、食料、災害の増加などがあるが、流域の自治体が連携することで新しい解決方法を見いだせる可能性がある。

■流域治水から流域ライフへ

　2021年に治水に関する法律（特定都市河川浸水被害対策等の一部を改正する法律）が改正された。これまでの治水は主に河川管理者が「河川区

域」において、堤防やダムなどを計画・整備し実施してきた。改正後は、これらに加え、流域に関わるあらゆる関係者が協働し、山間部など上流部の「集水域」から、平野部で洪水に見舞われることの多い「氾濫域」まで、流域全体を視野に入れて治水に取り組むことになった。森林、田んぼ、湿地などが重要な役割を担うため、自治体の枠を超えた連携が必要だ。高知県土佐町、本山町、香川県高松市は、水源域と利水域が協働して持続可能な社会の実現を目指す。森林の水資源への影響を定量的にシミュレーションしながら、森林や水の多面的な価値を最大限に活かし、山林を通じた地域活性化と利水域での水の安定供給を目指す。東京都豊島区は森林環境譲与税を活用し埼玉県秩父市の森林を整備した。目的は温室効果ガスの削減で、埼玉県森林 CO_2 吸収量認証制度を活用してカーボン・オフセットを実施し、区内の CO_2 排出量と森林整備で得られる CO_2 吸収量を相殺する。一方の秩父市は市有林の有効活用、森林整備ができた。豊島区と秩父市の事業は同じ荒川流域に属する自治体の連携だ。流域圏で生活を考えることで持続可能な社会を実現する施策の選択肢が広がる。

■関連するキーワード
水循環、物質循環、生態系

■さらに調べよう・考えよう
[１]「地理院地図」（電子国土 WEB）などを使って自分が暮らしている流域圏を調べてみよう。地図を観察し、その流域圏にはどんなものがあるか、どんな土地利用がされているかなどを 調べてみよう。

[２] 自分の暮らしている流域圏を散策してみよう。流域固有の生物、湧水、水に関する施設などを見に行こう。

■参考文献
岸由二（2013）『「流域地図」の作り方：川から地球を考える』筑摩書房

一場所多役

作成：中島恵理

■一場所多役

　人口減少社会の中で、社会インフラの稼働率を上げ、維持活用していくため、また環境保全を図りながら、地域の福祉の向上や地域経済の活性化を図るためには、1つの場所の多機能化により相乗効果を図る「一場所多役」が有効である。一場所多役の実現にあたっては、資源が限られている地域において、複数の地域課題を重ねて解決するための場所、資金、人の社会的な関係性が重要になってくる。一場所多役の「多役」は次の2つの側面がある。

①場所の用途としての多機能性

　1つの場所が1つの機能しか有しない場合、年間の稼働率が低くなったり、その場所を使う人が限定されるなど、1つの場所から生み出されるサービスや便益が少なくなる。一方、複数の機能を有することにより、その場所を使う人も多様になり、またその場所を使う頻度も増えることにつながっていく。複数機能があることにより、個別機能間の連携により、単体である場合以上の相乗効果をもたらすことも可能となる。なお、この多機能は、1つの場所に異なる機能を有するものが近接して存在するケース、同じ1つの場所が日時によって異なる用途に利用されるもの、1つの場所で1つの活動がなされているが、複数の目的や機能を有しているもの、1つの場所で同種の活動がなされているが、日時によってその主体が異なるものなどがある。

②場所を使う人・意義・役割の多様性

　場所における活動を主催する、または利用する人それぞれにとって異な

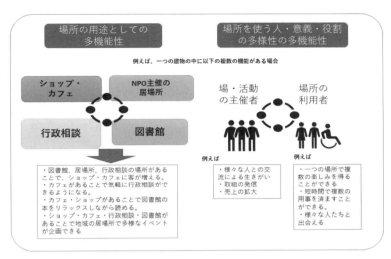

図1　一場所多役の意義

る意義を有する多機能性も重要である。当該場所のサービスを受ける人だ
けでなく、その場を主催し、活動する人が、得意技を活かすなどにより、
一定の役割を果たすことができれば、生きがいを感じることができる。こ
のような活動には、多くの人たちの参加や活用を促すことができ、活動の
継続性、持続性を高めることができる。利用する人や活動する人が多様で
あることで、新たなつながりが生じ、その場所の用途の多機能性が高まる
可能性がある。一方、場所の用途が多機能であれば、そこを使う人が多様
になり、多様な役割を果たすことにつながる。

■一場所多役の信州こどもカフェ

　こどもの貧困が深刻化する中で、長野県ではこどもの貧困対策計画を策
定し、その中の１つの施策として「信州こどもカフェ」を掲げた。
　信州こどもカフェは、学校や家庭以外の地域の中での子供の居場所であ
る。信州こどもカフェは、こどもたちが、地域の人たちと一緒に食事をし
たり、勉強をしたり、悩みを相談することができ、またリユースの仕組み
により必要な教材や本などを入手することができる多機能な居場所を目指

政策・地域づくり

135

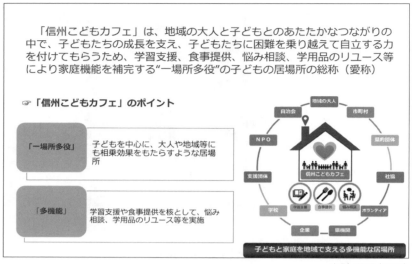

　「信州こどもカフェ」は、地域の大人と子どもとのあたたかなつながりの中で、子どもたちの成長を支え、子どもたちに困難を乗り越えて自立する力を付けてもらうため、学習支援、食事提供、悩み相談、学用品のリユース等により家庭機能を補完する"一場所多役"の子どもの居場所の総称（愛称）

☞「信州こどもカフェ」のポイント

| 「一場所多役」 | 子どもを中心に、大人や地域等にも相乗効果をもたらすような居場所 |
| 「多機能」 | 学習支援や食事提供を核として、悩み相談、学用品のリユース等を実施 |

出典）長野県（2018）

図2　信州こどもカフェについて

している。また、居場所に来る子どもの自己肯定感を高め、成長を支えるだけでなく、こどもを支援する大人にとって生きがいや交流の場になりうる。また、こどもが居場所に集まることで、食やアートなど、こどもを支援する多様な技をもった人たちが集まり、こどもたちの多様な学びを支援することにもつながっていく。このような形で信州こどもカフェは「場所を使う人・意義・役割の多様性」を実現することにつながっていく。

■一場所多役の「MEGURU STATION」（めぐるステーション）

　資源回収拠点を地域の多様な人々の居場所づくりにする「MEGURU STATION」の取り組みが広がっている。奈良県生駒市では、アミタ株式会社と協働して、高齢者の介護予防、健康づくりと廃棄物削減の取り組みを同時に実現するため、日常の資源回収拠点を整備し、ごみ出しを通じて市民が集まる機会をつくるMEGURU STATIONのモデルづくりを行った。

　これは、日常生活に必要不可欠な「ごみ出し」を契機に、資源回収の拠点に市民が集まり、交流する機会をつくるものである。資源回収の拠点に、

スタッフが常駐し、お茶を飲むことができるようなベンチや机を設定し、ゴミ出しに来た人たちが交流できるようなコーディネートを行う。このような場所で行政主催の健康体操のイベントを行うことで、高齢者が気軽に参加することができる。ゴミ出しの機会に多様な人が集まるようになることから、その場所でこども食堂が開催されたり、地域農家が野菜を売りに来るようになる。

　資源回収という１つの拠点が、環境対策だけでなく、高齢者やこどもの社会福祉の実現や経済活動を行う多機能な場所として機能している。行政にとっては、分別回収が難しい「生ごみ」の分別を円滑に行い廃棄物削減につながり、高齢者にとっては、介護予防・健康づくり、子どもたちにとっては、多様な大人と交流し、勉強することができる居場所になるなど、場所を主催する、使う人にとってもそれぞれ多様な意義を有する場所になっている。

政策・地域づくり

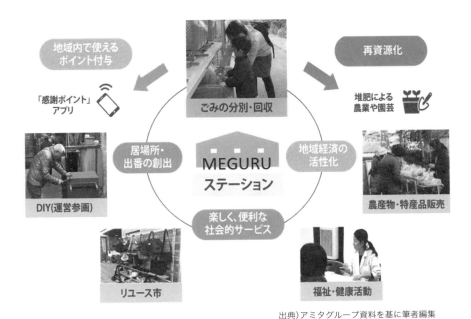

出典）アミタグループ資料を基に筆者編集

図3　一場所多役の取組例

2023 年 5 月現在では、「MEGURU STATION」の取り組みは、福岡県大刀洗町、兵庫県神戸市で取り組まれている。

■関連するキーワード
ローカルSDGs

■さらに調べよう・考えよう
[1] 自分の住んでいる地域において、一場所多役の拠点を探し、多役の具体的な内容やその場所が果たす役割を調べてみよう。
[2] 一場所多役の活動が行われている場所を取材し、一場所多役の場所を実現するための条件、要素を分析してみよう。

■参考文献
環境省（2020）『令和 2 年版環境白書』第 2 章
環境省（2021）『令和 3 年版環境白書』第 3 章
長野県（2018）『長野県子どもの貧困対策推進計画』

3

環境エンジニアリング

マイクロプラスチック

作成：八十歩奈央子、真名垣 聡

■環境中のマイクロプラスチック

　プラスチックは年間に世界で3億トン生産され、その約半分は使い捨てである。廃プラスチックのうち陸上の廃棄物管理からもれた部分が、降雨時の表面流出等により河川、そして海洋へ流入するため、陸から海へ流入するプラスチック量は世界で年間480万～1270万トン、その結果海洋には5兆個、量にして27万トンのプラスチックが浮遊していると推定されている。

　流入したプラスチックのうち、水より密度の小さいポリエチレンやポリプロピレンは浮いて輸送される。それらは海洋表層や海岸で紫外線にさらされ、劣化し、破片となっていく。劣化、破片化が進み5mm以下になったプラスチックをマイクロプラスチックと定義しているが、これらのプラスチック製品の破片の他にも、環境に放出される前から5mm以下の（一次）プラスチックもあり、プラスチックの原材料、洗顔料や化粧品の中のスクラブ等のマイクロビーズ、化学繊維の衣類の洗濯屑が該当する。

■マイクロプラスチックの環境動態

　環境中に存在する微細化したプラスチックは(1)移動、(2)生物蓄積といった分布に関して特徴を有する。ポリエチレンやポロプロピレンのような密度が小さくもともとは水に浮くプラスチックも、1mm以下に微細化すると生物膜の付着により沈降し、堆積物から検出されることが明らかになっている。また1mm～5mm程度のポリエチレンは、急速に水平輸送される場合（長距離輸送）があり、人為活動の少ない極域でも検出され広

範囲にわたる分布の要因となっている。結果として、日常的に使用する塩からもマイクロプラスチックが検出されることがある。

図　海洋のマイクロプラスチック（○はプラスチック破片）

また、生物蓄積においては、その大きさからプランクトンやオキアミといった低次の生物にも捕食等で取り込まれる。低次の生物はより高位の生物に捕食されうるため、結果として大型の魚類や、海鳥、クジラ等の海洋哺乳類にも蓄積が確認され、食物連鎖を通じたマイクロプラスチックの移動が示唆されている。この事実は、ヒトへの移行可能性を意味している。また、マイクロプラスチックは化学物質特に有機汚染物質、病原性微生物の輸送媒体としての役割を担っていると考えられており、その点も考慮に入れる必要がある。

■マイクロプラスチックの今後について

　プラスチックの便利な使い方に関して我々の知識は驚くほど進んだが、利用してまだ100年余りである。分解にかかる年月は数百年ともいわれているが、それはまだ確かめられない。従って、環境中での行方に関してはまだ判明していないことが多い。例えば、上述したように海に流れ込むプラスチック量に対する浮遊量はケタ違いに少なく、分解したのでなければ残りはどこかに存在している。底に沈んでいるのか、またはさらに小さくなって把握できないだけか。「小さくなってもプラスチックはプラスチックである」ということを考えて行動する必要がある。

■関連するキーワード
海洋プラスチック、海洋ごみ、海洋分解性プラスチック

化学物質・リスク

3.1 化学物質・リスク
化学物質

作成：真名垣 聡

■増大する化学物質

「100,000,000 個」、これは米国化学会（American Chemical Society）の情報部門で、化学情報の世界的権威であるケミカル・アブストラクツ・サービス（Chemical Abstracts Service ＝ CAS、米国オハイオ州コロンバス）が 2015 年に発表した、化学物質データベース「CAS REGISTRY」に登録された化学物質の数である。同じく CAS から 2007 年の 9 月に 5000 万件を超えたとの報告があったことを考えると、わずか 8 年で化学物質の数が倍に、いいかえるとこの期間で数秒に 1 個の化合物が登録されていた計算となる（図）。

実際にこの 1 世紀の間にポリエチレンやナイロン、フラーレン・ナノチューブ・グラフェン、導電性高分子、キラル医薬品、mRNA ワクチン、太陽電池・蓄電池・燃料電池など、化学においてめざましい発見や発明がなされ、その成果を活かして多くの優れた物質 / 製品が我々の手に届くようになっている。現在のペースで増えていくと 50 年後には 6 億個を超えるとの試算もあり、今や人口と化学物質の増加が追いかけっこをしている。

■化学物質との上手なつきあい方

一方で、化学物質という言葉には依然として悪いイメージがつきまとう。事実、いくつかの物質は公害のような多大な被害を及ぼしてきたし、過去 30 年程度でも内分泌攪乱物質のように極低濃度 (ppm,ppb レベル) で毒性を発現する現象が懸念され、化学物質過敏症のように特定の個人に発症するケースも顕在化している。また地球規模で分布する化学物質の削減に

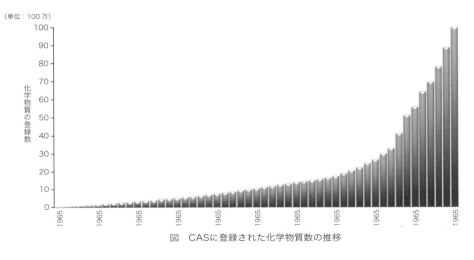

（単位：100万）

化学物質の登録数

図　CASに登録された化学物質数の推移

は多大な労力や時間を必要とし、未だに解決には至っていない。わが国の法律で管理されている化学物質の数が数千個に過ぎないことを考えると規制的な手法の限界も当然あるだろう（化学工業日報社、2007）。化学物質の数が膨大化し、さらに増加、多様化していく中で、人の健康や生態系への影響の発現は見えにくく、実証されにくい。結果、悪影響の有無や現象を引く起こす仕組みの科学的解明が追いついていない。人、生態のリスク、費用や便益のバランスをうまくとってどう化学物質とつきあうのか。我々自身の選択に委ねられている。

■関連するキーワード

人為物質、天然物質、環境リスク、グリーンケミストリー

■参考文献

ケミカル・アブストラクツ・サービスのWEBサイト https://www.cas.org/
化学工業日報社（2007）『化学物質を経営する　供給と管理の融合』化学日報社

3.1 化学物質・リスク
グリーンケミストリー

作成：真名垣 聡

■グリーンケミストリーとは

　グリーンケミストリーとは作られたもの自身の環境負荷が、小さく安全であるということと同時に、物を作る段階で環境汚染物質が出ないような方法で作ることである（御園生誠・村橋俊一、2001）。つまり、製品やプロセスを開発する際に、そのライフサイクル（原材料の選択、製造・加工、使用および廃棄までの過程）を考え、安全かつ少量の原料から、効率的に物質を合成し、化学物質の利用にともなう廃棄物をできるだけ減らし、環境に放出されてもより分解しやすい物質を使用するように設計してから開発に取り掛かる。事後的に環境負荷物質を処理したり無害化したりするのではなく、事前の対策も重視しようとするコンセプトとそのための技術の総称を指す。日本では、「持続可能な社会の科学技術」としてグリーン・サスティナブルケミストリーと呼ばれることもある。

■グリーンケミストリー例と今後について

　海洋生分解プラスチックは微生物の種類や量が少ない海洋でも微生物の働きによって最終的に二酸化炭素と水に完全分解されるプラスチックをさし、環境中で増加を示す海洋ごみを減らすことが期待されているグリーンケミストリーの例でもある。

　一方で、消費者が実際にグリーンケミストリーに基づく商品を選択するか否かはまだ課題がある。例えば、そもそもプラスチックは加工する際の容易さ、化学的安定性のために使われるようになった製品である。他方、海洋生分解性プラスチックは、「生分解性を高める」ゆえに、「物質の安定

表　グリーンケミストリーの12箇条

1．廃棄物は「出してから処理」ではなく、出さない。
2．原料はなるべく無駄にしない形の合成をする。
3．人体と環境に害の少ない反応物・生成物にする。
4．機能が同じなら、毒性のなるべく小さい物質をつくる。
5．補助物質はなるべく減らし、使うにしても無害なものを。
6．環境と経費への負荷を考え、省エネを心がける。
7．原料は、枯渇性資源ではなく再生可能な資源から得る。
8．途中の修飾反応はできるだけ避ける。
9．できるかぎり触媒反応を目指す。
10．使用後に環境中で分解するような製品を目指す。
11．プロセス計測を導入する。
12．化学事故につながりにくい物質を使う。

出典）渡辺（1999）より作成

性を落とす」ことにつながる可能性がある。このことは、現状ではプラスチックが普及した一因である「安定性」と、海洋生分解性プラスチックが有する、優れた「生分解性」とが、トレードオフの関係にあることも示している。安全で安心できる社会生活の実現のためには、生活者の理解を進める必要があるが、ではどのような製品・技術を選択すべきなのか？　この点については持続可能な社会を構築するうえで、グリーンケミストリーが抱える今後の課題であろう。

■関連するキーワード

グリーンイノベーション、グリーン成長、LCA、持続可能な科学技術

■参考文献

御園生誠・村橋俊一編（2001）『グリーンケミストリー 持続的社会のための化学』
　　講談社
渡辺正・北島昌夫（1999）『グリーンケミストリー』丸善

3.1 化学物質・リスク
リスク管理

作成：真名垣 聡

■はじめに

　持続可能な社会の構築とリスクを管理する社会への許容は背中合わせで
もある。豊かさ、文化を有意義にとりいれて幸福を持続的に追及するため
に、リスクに対する脆弱さをできる限り減らすということは現代では広く
認識されている（橘木、2007）。一方、安心・安全という言葉が示すように、
リスクの許容に対する考え方は様々である。ゼロリスクを目指す過度な制
度や取組が、別のリスクを増大させる可能性もあり、医療、健康、経済、法、
教育などの各場面で多様的なリスク管理がなされる必要がある。現在、わ
が国では経済産業省が主にリスク管理の方法について指針を示している

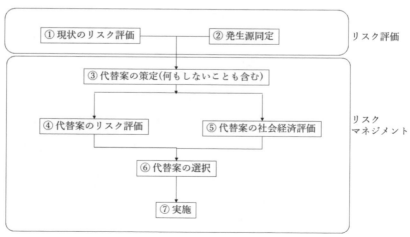

出典) 中西ら(2003)より作成

図1　リスク評価とリスクマネジメント

が、我々はどのようなことを理解し、何に気を配るべきなのだろうか。

■我が国におけるリスク管理の背景

現代社会における科学技術の発展は、便利で豊かな生活の向上に大きく寄与してきたが、一方で、多大な科学技術が引き起こす新たな危険性を生むことにつながり不透明さが増したといわれている。例えば、「環境を良くしたい」は多くの人に共通する考えかもしれないが、水質改善に用いられる薬品の一部が、一方で発がんリスクの懸念がある、プラスチックの普及がその廃棄や処理の問題をおこす等、「環境に良い」、「環境に良くない」という判断を下すことが実は難しいということはよくある（中西ら、2003）。さらに、現実社会では環境の側面だけでなく、火災、疫病、貧困、失業などの様々な事柄が絡み合っているので、問題は一層複雑化している。このようないわば、科学的に不確実な要素が残っている中でなされる意思決定の道具としてリスクに基づく管理が提案されてきた。ではその考え方はどのように導入されていったのか、化学物質を例に見ていく。

わが国ではかつて、公害という明らかにずば抜けて大きいリスクへの対処が求められた時代があった。このような時代の行政機関の対応としては「絶対安全」、つまりゼロリスクを目指してやってきたと考えられる。実際にその考え方は目的リスクの削減には大きな効果を上げていった。例えば、いくつかの発がん物質が特定されるようになったときにもゼロリスク原則に基づき、量がわずかであっても発がんの可能性があるなら使用を禁止するという規制がまずは優先された。

一方、時代が進むと伝統的な汚染物質の問題に加えて、水道水の塩素処理過程で発生する副生成物、大気中にごく微量で存在する発がん性物質などが新たな（健康）リスクとして注目を集め始めた。かつての規制では、使用あるいは排出を禁止することで対策ができていたが、水道水での塩素処理による副生成物などは完全に禁止することが困難であったため（つまり水道水を使う以上、ゼロリスクの達成が不可能なため）、新たな管理原則が必要となった。このような背景から、一定の大きさのリスクを受け入

147

れ、あるポイントを超える場合に規制していくというリスク原則が受け入れられるようになっていく。結果としてわが国では 1990 年代に水道水質基準についてまず改正がなされた。世界保健機構 (WHO) の飲料水質ガイドラインに従い、発がん性化学物質については生涯発がん確率 10^{-5}（10万分の 1 のリスク水準）が根拠とされ、リスク概念に基づいた基準値が設定された。またその 3 年後には大気環境基準値がリスクレベルに基づいて決定されている。

　しかし、このような単一のリスクレベルを設定してそれ以上なら規制、それ以下なら規制しないという枠組みではあらゆる分野のリスクを管理することはまだできないという課題を抱えている。最たる例として複合的なリスクへの対応が困難になることが挙げられる。

■リスクトレードオフ

　ある特定のリスクを下げて便益を得ることが、他の別のリスクを発生させる、または上げてしまうというリスクトレードオフ問題が多くの分野において存在する。ダム建設による水害リスク緩和と流域の生物多様性の劣化や原子力発電の導入による放射性物質の漏えいと二酸化炭素排出の抑制などは良く知られているし、近年ではワクチン治療薬による治療効果と副作用リスクも論じられている。また、法規制などである項目のリスク削減に成功した現代においては、その規制自体が現代社会に合わず逆に対策費用などの面で負担になる、または別のリスクをあげるようなこともおきている。

　リスクを評価し，優先順位をつけ，対策の費用対効果を鑑みてリスク管理を行うなかで，しばしば生ずるこれらリスクトレードオフ問題にいかに対処すべきなのか、関心が高まっている。一方で、現代社会においては多様なリスク情報が瞬時に共有可能となるため、社会全体でなく組織や個人が様々な事象を分別して判断する場面が多々ある。つまりステークホルダーによって優先順位が異なり、その管理方法が全く異なる結果となる可能性がある。これはリスクトレードオフそのものが、意思決定がなされる段階で抱える構造的な欠点のためと指摘されてもいるため容易には解決でき

ない。

　最後に、我々が考えるべきリスク管理におけるリスクトレードオフの例として、ペルーのコレラ問題を紹介する。これは、1980年代に米国環境保護局 (EPA) が出した「水道水を塩素消毒することにより、クロロホルムなどの発がん性物質が生成する」との研究報告に対して、ペルー政府が水道水の塩素消毒を中止したため、コレラが蔓延したという事例である。最終的な被害は患者数80万人、死者7,000人にのぼったともいわれている。残留塩素が有する消毒のベネフィットを無視したことが原因で生じた事例である。

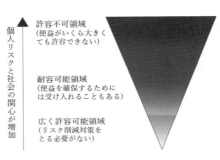

出典) 中西ら (2003) より作成

図2　耐用可能なリスクの枠組み

化学物質・リスク

■関連するキーワード

リスク評価、リスクトレードオフ、リスク便益、予防原則

■さらに調べよう・考えよう

身近に存在するリスクトレードオフを自分なりに調べ、費用や便益の観点から客観的に判断できるのか考えてみよう。また、その判断は他人と同じなのか違うのか調べてみよう。

■参考文献

橘木俊詔 (2007)『リスク学入門2』岩波書店

日本工業標準調査会 (2019)『リスクマネジメント－指針　JIS Q 31000：2019』

中西準子・蒲生昌志・岸本充生・宮本健一編 (2003)『環境リスクマネジメントハンドブック』朝倉書店

Health and Safety Executive reducing Risks, Protecting People:HSE's decision-making process, 2001,HSE Books.

3.2 気象・気候

気候変動と異常気象

作成：三坂育正

■気候変動と地球温暖化

　気候変動（Climate Change）とは、気温および気象パターンの長期的な変化を意味する。これらの変化には、太陽周期の変化に伴う現象などの自然現象によるものもあるが、近年では人間活動が気候変動を引き越しているとされる。特に、大きな問題となっているのが、地球全体の気温が上昇している「地球温暖化」である。

　地球温暖化は、温室効果によるものとされ、地球表面付近の気温が、温室効果ガスによる赤外放射吸収の影響を受けて上昇することを意味する。温室効果とは、ガラスでできた温室内の気温が高くなるのとほぼ同様の原理であり、温室効果ガスがガラスの役割を果たしている。一定濃度の温室効果ガスにより、地球表面付近の気温は適度に維持されるが、温室効果ガス濃度の上昇は、ガラスの厚みが増すのと同様に、吸収する赤外放射が増えて気温が上昇する。温室効果ガスの主要な成分である二酸化炭素 CO_2 の濃度は、1800年以降、特に1900年以降に急激に上昇している。産業革命以降、化石燃料の使用で CO_2 の排出量が増え、その増加は近年特に顕著である。CO_2 濃度の上昇、言い換えると温室効果ガスの濃度の上昇につれて、地球平均気温の上昇が起きていると考えられ、地球の温暖化は人為的な要因で発生していると言える。IPCC（国連気候変動に関する政府間パネル）では、温室効果ガスの大気中の CO_2、メタン、一酸化二窒素は、過去80万年間で前例のない水準まで増加しており、人間活動が20世紀半ば以降に観測された温暖化の支配的な要因であった可能性が極めて高く、第6次報告書では温暖化への人間の影響には疑う余地がない

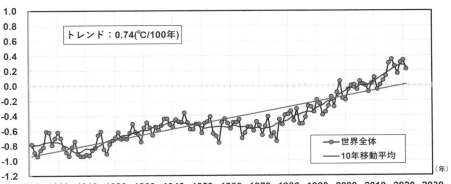

図1　世界の年平均気温偏差の推移(1890 〜 2021年)

としている。

　地球の平均気温の推移として、1890 年以降の気温の 1991 〜 2020 年の平均に対する差の推移を図 1 に示す。1980 年代以降に地球の気温上昇が顕著となっていることが確認できる。地球の平均気温は、近年になるほど上昇が加速しており、過去 100 年間における気温の上昇量は 0.74℃/100 年であるが、近年の 50 年間では 1.28℃/100 年、25 年間では 1.77℃/100 年と気温上昇率が大きくなる傾向となっている。

■異常気象の定義と種類

　気候変動や地球温暖化による影響として挙げられるのが、世界で頻発しているとされる異常気象である。

　一般には、気温が上昇する現象を地球の温暖化現象として捉えられているが、実際には極端な気象状況が発生する等の現象が増えている。極端な気象変化として発生する異常気象とされるものの多くは、本来、気象攪乱が地球規模の流れの中で発達・退化しながら気象が刻々と変わる過程で特異的な条件が重なることで生じるものであり、自然変動の働きによって起こる突発的な現象である。しかしながら、近年の異常気象の頻発については、人為的な気候変動が異常気象に関係しているとの指摘もある。

　異常気象には、気象に関係する機関ごとに定義があり、日本の気象庁で

は、気温や降水量などの異常を判断する場合、原則として「ある場所（地域）・ある時期（週・月・季節）で 30 年間に 1 回以下の頻度で発生する現象」を異常気象と定義している。また、世界気象機関（WMO）では、「平均気温や降水量が平年より著しく偏り、その偏差が 25 年以上に 1 回しか起こらない程度の大きさの現象」を異常気象と定義している。一般には、過去に経験した現象から大きく外れた現象で、人が一生の間にまれにしか経験しない現象を異常気象と呼ぶ場合が多い。異常気象として扱われるものとして、大雨や強風等の激しい数時間の現象、台風・ハリケーンの強大化、熱波や高温などが数日から 1 週間程度続く現象、さらに数か月も続く干ばつ、極端な冷夏・暖冬などが挙げられる。また、洪水や干ばつなどの気象災害も異常気象に含む場合がある。

　IPCC によると、異常気象のうち、気温上昇や高温・熱波などは気候変動・地球温暖化の影響の可能性が高いとし、人間活動が異常気象を引き起こしている場合があるとされている。日本の気象庁では、毎週水曜日に前日までの 1 週間に発生した世界の異常気象や気象災害の状況を公表している。日本の気象庁が公表している異常気象の代表的なものの定義を以下に示す。

　異常高温・異常低温は、それぞれの地点において、1991 ～ 2020 年の 30 年間の平年値と標準偏差を基準にして、平均気温が異常かどうかを判断している。異常な高温の場合、熱波（ねっぱ、heat wave）と呼ぶ場合もある。熱波とは、その地域の平均的な気温に比べて著しく高温な気塊が波のように連続して押し寄せてくる現象である。熱波の定義は地域によって異なり、世界気象機関（WMO）の定義では、日中の最高気温が平均最高気温を 5℃以上上回る日が 5 日間以上連続した場合をいう。日本の気象庁の定義では、広い範囲に 4 ～ 5 日またはそれ以上にわたって、相当に顕著な高温をもたらす現象を熱波と呼ぶ場合がある。

　異常多雨・異常少雨も、それぞれの地点における 1991 ～ 2020 年の 30 年間の降水量の観測データを基準にして、降水量がある閾値（異常多雨基準）以上であるかで、異常を判断している。

　気象庁がまとめた、2021 年に世界で発生した異常気象について図 2 に

2021年の世界の主な異常気象・気象災害
（気象庁まとめ：2022年1月20日）より作成

図2　2021年の世界の主な異常気象・気象災害

示す。2021年の1年間でも世界中で多くの異常気象が発生しており、特に、北半球の各地で異常高温や異常多雨が発生していることがわかる。

　また、気象災害も多く発生しており、世界各地で多数の死者が出る被害となっている。

　以上のように、世界各地で異常気象が発生し被害が出ており、その要因とされる気候変動・地球温暖化への対策が急務とされている。

■関連するキーワード
世界の平均気温、IPCC、ミランコビッチ・サイクル、平年値

■さらに調べよう・考えよう
[1] 気候変動によって、温暖化だけでなく大雪や低温なども含めた極端な気候現象が増えている要因について調べてみよう。
[2] 近年、日本で発生している異常気象や気象災害について、気候変動との関係も含めて、要因や影響を調べてみよう。

■参考文献
環境省（2020）『気候変動影響評価報告書　総説』

温室効果ガス

作成：三坂育正

■温室効果

　一般に、熱に関わる電磁波のうち、波長が 0.3 ～ 2 μm を短波放射、2 ～数十 μm を長波放射と呼ぶ。短波放射は太陽からくる放射エネルギー（日射）であり、波長の短い順から紫外線、可視光線、赤外線（近赤外線）に分類される。長波放射は、表面温度に比例して放出される放射であり、一般に赤外線（中赤外線・遠赤外線）と言われ、太陽からの放射で暖められた地球表面は赤外線を放出している。大気中の水蒸気や二酸化炭素は赤外線を吸収・放出する性質を持っており、地球表面が放出した赤外線は、大気中で吸収されることで地表面や空気を暖める。この現象は、赤外線を透過しない性質を持つガラスの温室で、日射を吸収して暖まった地表からの赤外線を逃がさず温室が暖まるメカニズムと同じことから、温室効果（Greenhouse Effect）と呼ばれ、温室効果をもたらすガスを温室効果ガス（Greenhouse Gas, GHG）と呼ぶ。

　温室効果ガスが無いと仮定した場合、太陽からの入射（短波放射）と地球からの放射（長波放射）が釣り合った状態で、地球の日射反射率（アルベド）を 0.3 とすると、地表の温度は 254K（-19℃）となり、温室効果が無い地表付近は、生物の生息には厳しい温度となる。実際の地表平均温度は 288K（15℃）で、この差の 34℃ が温室効果によるものとされる。

■温室効果ガス

　温室効果ガスは、分子振動によって電気双極子モーメントが振動する時に赤外線の吸収・放出を行い、地球の温室効果をもたらしている。多く

表　主な温室効果ガスの特性と近年の傾向

温室効果ガス	地球温暖化係数 (GWP)	大気中の濃度		増加量/年 (2010-2020)
		1750年	2021年	
二酸化炭素 CO_2	1	280ppm	415ppm	2.5ppm
メタン CH_4	25	0.7ppm	1.91ppm	10ppb
一酸化二窒素 N_2O	298	270ppb	334ppb	1.0ppb
ヒドロフルオロカーボン HFC	100〜15,000	0ppt	115ppt	6.5ppt
パーフルオロカーボン PFC	7,400〜12,000	0ppt	84ppt	0.7ppt
六フッ化硫黄メタン SF_6	22,800	0ppt	10ppt	0.4ppt

出典）岡本（2015）および気象庁(2022)より作成

気象・気候

の気体が温室効果を有するが、その程度は大きく異なり、温暖化への寄与の程度を示す数値として、地球温暖化係数（Global Warming Potential, GHP）がある。地球温暖化係数は、二酸化炭素 1g の温室効果を基準に、それぞれの気体の地球温暖化能力を表している。地球温暖化防止のための削減対象である 6 種類の気体の特性や近年の傾向を表に示す。

　二酸化炭素 CO_2 は、6 種類の温室効果ガスで空気中の濃度が高く、地球温暖化への寄与が高い。産業革命以前の CO_2 濃度 280ppm 程度で推移していたが、産業革命により化石燃料の燃焼による発生量の増加と、同時期に森林伐採などによる吸収源の減少に伴い CO_2 濃度が上昇を始め、現在では 400ppm を超えており、引き続きその増加量も大きい。二酸化炭素は、発生・吸収の双方で人間活動による影響が大きく、削減による効果も大きいとされ、気候変動対策として CO_2 削減の取組みが進められている。また、CO_2 と比較して温暖化係数の大きいメタン CH_4 などについても、濃度が増加傾向にあるため、排出削減がもとめられる。

■関連するキーワード
放射平衡温度、分子振動・電気双極子モーメント、化石燃料

■参考文献
岡元博司（2015）『環境科学の基礎　第 2 版』東京電機大学出版会
気象庁(2022)『WMO 温室効果ガス年報（気象庁訳）』

3.2 気象・気候

脱炭素・カーボンニュートラル

作成：三坂育正

■気候変動の将来予測と温室効果ガス削減

　気候変動により異常気象をはじめとする影響が顕在化しており、世界で気候変動への取組みが必要である。気候変動がもたらす世界・日本への影響は、気候モデルや排出／濃度シナリオを用いて予測する。これらの予測結果から、気候変動による影響を抑制するためには、産業革命以降の世界平均気温の上昇を2℃以下にする必要があるとされる。すでに人為的活動による世界全体の平均気温上昇は2017年時点で約1.0℃であり、現在のペースで進行すると2030〜52年の間に1.5℃に達する可能性が高い。1.5℃未満の気温上昇達成のために、2050年までに全世界の年間温室効果排出水準をほぼゼロにする必要があるとされる。

■気候変動への国際的な取り組み

　気候変動を抑制していくための世界的な取組みとして、地球温暖化防止に向けた国際的な会議（COP）が毎年開催されている。COP（気候変動枠組条約締約国会議）とは、1992年採択の「国連気候変動枠組条約」に基づき、開催されている枠組条約締約国による会議で、1995年から毎年開催され、温室効果ガス排出削減に向けた取組みが討議・推進されている。

　1997年に京都で開催されたCOP3において、6種類の温室効果ガスについて、法的拘束力のある排出削減の数値目標を掲げた「京都議定書」が採択され、2006年2月16日に発効した。京都議定書では、1990年の温室効果ガス総排出量を基準とし、2008年〜2012年の5年間に、先進国全体で少なくとも5%の削減を目指すとした。日本は、温室効果ガスを

1990 年比 6% 削減の目標を掲げ、2006 年 4 月に「京都議定書目標達成計画」を閣議決定し、総合的な施策を展開してきた。しかしながら、京都議定書では、数値目標は先進国だけであること、当時最大の温室効果ガス排出国アメリカが離脱するなど、効果は限定的であった。

京都議定書での反省をもとに、2015 年にパリで開催された COP21 で、温室効果ガスの排出削減の目標値が設定された「パリ協定」が採択され、翌年発効された。パリ協定では、表の通り、先進国と途上国に温室効果ガスの排出目標が定められている。先進国には厳しい削減目標を課しているのに対し、途上国では GDP 辺りの排出削減目標となっているのが特徴的である。パリ協定においては、世界共通の長期目標として産業革命後の気温上昇を 2°C 以内に抑えること、また 1.5°C 未満へ抑制する努力の追求を掲げている。パリ協定には 190 以上もの国と地域が参加しており、地球温暖化防止の国際的な枠組みとなり、気候変動緩和に向けた明確な目標の策定と提出が行われ、それぞれの国・地域が推し進めている。日本は 2013 年度の排出量を基準にして、2030 年度までに 26.0% 削減を目標としている。

気象・気候

表　パリ協定による各国の二酸化炭素排出削減目標

先進国（附属書Ⅰ国）	
米国	2025年に-26%〜-28%（2005年比）。28%削減に向けて最大限取り組む。
EU	2030年に少なくとも-40%（1990年比）
ロシア	2030年に-25〜-30%（1990年比）が長期目標となり得る
日本	**2030年度に2013年度比-26.0%（2005年度比-25.4%）**
カナダ	2030年に-30%（2005年比）
オーストラリア	2030年までに-26〜28%(2005年比)
スイス	2030年に-50%（1990年比）
ノルウェー	2030年に少なくとも-40%（1990年比）
ニュージーランド	2030年に-30%（2005年比）
途上国（非附属書Ⅰ国）	
中国	2030年までにGDP当たりCO2排出量-60〜-65%(2005年比)。2030年前後にCO2排出量のピーク
インド	2030年までにGDP当たり排出量-33〜-35%（2005年比）。
インドネシア	2030年までに-29%(BAU比)
ブラジル	2025年までに-37%（2005年比）（2030年までに-43%（2005年比））
韓国	2030年までに-37%(BAU比)
南アフリカ	・2020年から2025年にピークを迎え、10年程度横ばいの後、減少に向かう排出経路を辿る。 ・2025年及び2030年に398〜614百万トン（CO2換算）（参考：2010年排出量は487百万トン（IEA推計））

■脱炭素・カーボンニュートラル

　気候変動や地球温暖化は、人間活動による温室効果ガスの排出が主要因とされており、特に二酸化炭素 CO_2 の濃度は産業革命前より 40% も増加している。そこで、CO_2 をはじめとする温室効果ガス排出削減の取組みとして、「脱炭素」が進められている。気候変動による影響抑制のためには、将来的に温室効果ガスの排出を「全体としてゼロ」にする必要があるとされる。「全体としてゼロ」とは、「排出量から吸収・除去量を差し引いた合計をゼロにする」ことを意味し、排出ゼロは現実的に難しいため、排出せざるを得なかった分と同じ量を「吸収」または「除去」することで正味ゼロ（ネットゼロ）を目指すことで、温室効果ガスの排出がネットゼロのことを「カーボンニュートラル」と言う。産業革命以降の温度上昇 1.5℃以内の努力目標達成には、2050 年近辺までのカーボンニュートラルが必要との報告を受け、「2050 年カーボンニュートラル実現」を目指す国際的な動きが広まっており、脱炭素社会の実現が求められる。

　2021 年 4 月に米国主催で気候サミットが開催され、各国に対してパリ協定に対して更なる気候変動対策を求められた。同サミットで、各国の首脳で、2030 年を目標年とする各国が決定する貢献（NDC）の更なる引上げ、2050 年までの温室効果ガス排出実質ゼロの必要性等の議論がなされた。

■日本におけるカーボンニュートラルへの道

　日本の菅総理（当時）は、2021 年の気候サミットにおいて、2030 年度温室効果ガス排出を 2013 年度比 46% 削減、さらに 50% 削減に向け挑戦を続ける、と表明し、前年度国会での「2050 年カーボンニュートラル宣言」に従い、本格的に取組むことを国際的な場で表明した。

　我が国の温室効果ガス削減の中期目標と長期目標の推移（環境省作成）を基にした、2050 年カーボンニュートラルに向けた取組みイメージを図に示す。実現に向け、省エネルギー、温室効果ガスを排出しないエネルギーへの転換、温室効果ガスの吸収・除去技術の展開等が重要である。

　温室効果ガスの排出削減には、化石燃料を用いたエネルギー使用をゼロ

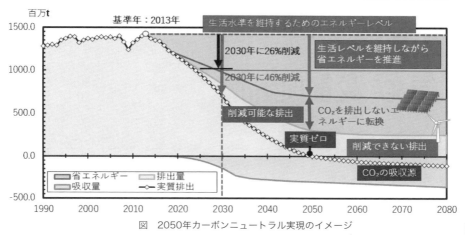

図　2050年カーボンニュートラル実現のイメージ

気象・気候

に近づける必要があり、エネルギー使用量を減らす取組みが必要である。この際、生活レベルが大幅に低下しないことが持続可能（サステナブル）の観点で重要である。その上で、化石燃料から再生可能エネルギーや水素、循環可能な資源など低炭素なエネルギーへ転換し、温室効果ガスの排出削減を図る。それでも削減が難しい排出分へは、植林による植物の光合成で吸収される CO_2 の増加、CO_2 を回収し貯留する CCS（Carbon dioxide Capture and Storage）技術の活用が挙げられる。

■関連するキーワード
CO_2排出係数、再生可能エネルギー・水素、CCS

■さらに調べよう・考えよう
2050年カーボンニュートラルを実現するために、日本で進められている（進められるべき）取組みについて調べてみよう。

■参考文献
環境省（2020）『気候変動影響評価報告書　総説』

3.2 気象・気候
気候変動適応

作成：三坂育正

■気候変動に伴う影響

　一般に、気温が上昇する現象を地球の温暖化現象として捉えられているが、実際には極端な気象状況が発生する等の現象が増えている。気候変動に伴う影響は、北極や南極、氷河等の氷の融解、高頻度で発生する洪水や熱波など世界中で顕在化しており、人々の生活への影響も発生している。IPCC 第 5 次報告書では、ここ数十年の間に、世界のすべての大陸と海洋で、気候変動が自然や人間社会に影響を及ぼしていると指摘している。

　日本においても気候変動による多くの影響がすでに確認されており、環境省が 2020 年に発表した「気候変動影響評価報告書」では、7 つの分野（農業・林業・水産業、水環境・水資源、自然生態系、自然災害・沿岸域、健康、産業・経済活動、国民生活・都市生活）の 71 項目において受ける影響を、「重大性」「緊急度」「確信度」の 3 つの観点から評価している。気候変動による影響は多岐にわたっており、特に日本において近年頻発している気象災害への気候変動影響の重要性や、分野間の影響の連鎖についての評価も示されている。報告書で挙げられている、各分野における主な影響を表 1 に示す。報告書では、今後地球温暖化が進行すれば、さらに深刻な影響を及ぼすことの懸念が示されている。

■緩和と適応

　気候変動による影響は、すでに日本も含めた世界の様々な地域・分野で表れており、地球温暖化が進むと、深刻で広範囲にわたる影響が生じる可能性が高い。IPCC 第 6 次報告書の中では、観測された影響及び予測され

表1　日本における気候変動に伴う影響

気象 海洋	気温	1988〜2019年の上昇率は1.24℃/100年
	降水量	年降水量の有意な傾向はみられない。
		大雨日数・短時間強雨の発生回数が増加
	海水温	日本近海の平均海面温度上昇率は1.14℃/100年
農林・林業・水産業	農業	コメの収量・品質、果実の品質へのリスク増大
	林業	人工林の衰退・生産力の低下など
	水産業	水温上昇による資源分布域の変化、漁獲量の減少
水環境 水資源	河川	河川水温の上昇、土砂流出量の増加
	水質	湖沼・ダムなどで有機物濃度上昇による水質変化
	水供給	特に融雪を水資源とする地域で流量の減少
自然生態系	陸域生態系	高山・亜高山帯で希少種・生息地等の消失
	淡水生態系	湖沼の富栄養化や河川で生育・生息適地が変化
	生態系サービス	生態系サービスの劣化や喪失の恐れ
自然災害	河川・沿岸	治水施設の整備水準を超えた被害の発生
		短時間降雨による内水氾濫や高潮・高波が増加
	山地	土砂災害の増加、基岩の風化現象に影響
	複合的な災害	複数要素が相互に影響した甚大な被害リスクが増加
健康	暑熱	熱中症や熱ストレスによる死亡リスクが増加
	感染症	節足動物媒介の感染症の流行
産業・経済活動 国民生活	産業	レジャー産業や建設業への影響
		海外の影響がサプライチェーンや国内産業に影響
	国民生活	伝統行事・生物季節、生活の快適性の損失

出典）環境省（2020）より作成

気象・気候

るリスクとして、人為起源の気候変動は極端現象の頻度と強度の増加を伴い、自然と人間に対して、広範囲にわたる悪影響とそれに関連した損失と損害を、自然の気候変動の範囲を超えて引き起こしており、人間および生態系は、気候ハザードに対する曝露が増大している、としている。そのため、気候変動による影響への対処として、温室効果ガスの排出削減を進める「緩和」だけでなく、すでに顕在している影響や中長期的に避けられない影響に対して「適応」を進める必要がある。緩和策が、温室効果ガスの排出削減や吸収源の対策により脱炭素社会・カーボンニュートラルの実現を目指す取組みであるのに対し、適応策は、気候変動への影響への備えと新しい気候条件の利用を目指すもので、緩和策を進めても避けられない影響を軽減することを目的としている。適応策が気候リスクを低減する有効性に関する確信度は高いが、温暖化が進むと効果が低下することも指摘されている。今後、適応と緩和の相乗効果を活かし、トレードオフを低減するためには、気候にレジリエントな開発を進めることが重要である。

161

■日本における気候変動への適応計画

　日本においては、2015年11月に気候変動適応計画が閣議決定され、その後、2020年の影響評価報告書の発行を受けて、2021年10月に変更された。適応計画は、気候変動影響による被害の防止・軽減、国民の生活の安定、社会・経済の健全な発展、自然環境の保全及び国土の強靭化を図り、安全・安心で持続可能な社会構築を目指すことを目標としている。分野別の具体的な適応計画の例として、主なものを以下に挙げる。

◎農業・林業・水産業分野

　農業生産全般では、高温による終了や品質低下等の影響を回避・軽減する適応技術や高温耐性品種等の導入などが進められている。林業では、森林病害虫のまん延防止に向けた防除や被害モニタリングの継続、水産業では、漁獲量確保のために資源量把握や予測精度の向上などを進める。

◎水環境・水資源、自然生態系分野

　水供給における渇水リスクに対して、評価既存施設の機能向上による活性対策、効率的な農業余水の確保・利活用の推進が挙げられている。自然生態系では、陸域や沿岸生態系のモニタリングの充実などで生態系の保全やネットワークの形成を推進する。

◎自然災害分野

　洪水の原因となる大雨に対して「流域治水」の推進や、土石流などの土砂災害の発生頻度の増加に対し、砂防堰堤の設置やハザードマップの整備などを進める。沿岸域では、高潮・高波親水予測の精度向上、堤防・防波堤の整備などを進める。

◎健康分野

　暑熱による熱中症患者の抑制に向け、気象情報の提供や注意喚起、予防・対処法の普及啓発を図る。気温上昇に伴う感染症の発生リスクの科学的知見を集積し、発生源対策を進める。

◎経済影響、国民生活・都市生活分野

　製造業や建設業などの職場における熱中症対策を進める。海外の気候変動が国内の経済・社会状況に及ぼす影響の調査を実施する都市インフラの

表2　日本の気候変動適応計画(2021年)

①農業，森林・林業 水産業	農業：高温耐性品種の開発・普及、適応品種への転換
	林業：気候変動の森林・林業への影響に対する適応
	水産業：海洋環境変動による水産資源影響への適応
②水環境・水資源、 自然生態系	渇水リスクの評価と情報共有
	効率的な農業用水の確保と利活用
	順応性の高い健全な生態系再生と生物多様性の保全
	陸域：渓畔林等一体の森林生態系ネットワーク形成推進
	沿岸：サンゴ礁等のモニタリングの重点的実施
③自然災害・ 沿岸域	気候変動を踏まえた治水計画の再検討
	気象・海象モニタリング、高潮・高波親水予測等への適応
	「いのち」と「くらし」を守る重点的な施設整備
④健康、産業・経済活動 国民生活	暑熱：熱中症発生増に対する適応
	感染症：気温上昇に伴う発生リスクに関する適応
	産製造業や建設業等の職場における熱中症対策
	海外の気候変動影響が及ぼす影響に対する適応
	インフラ・ライフラインの適応(グリーンインフラの社会実装)
	暑熱による生活への影響に関する適応

危機管理マニュアルの策定や、災害に強い機器等の整備を推進する。

　また、2018年12月に、気候変動適応の総合的推進に向けて、情報基盤の整備や地域での適応の強化、適応の国際展開等を推進させるため、「気候変動適応法」が施行された。

■関連するキーワード

緩和と適応、適応計画、KPI、レジリエンス、脆弱性

■さらに調べよう・考えよう

[1]「緩和」と「適応」の違いについて調べ、それぞれの具体的な取り組みを取り上げて整理してみよう。

[2]気候変動への適応に関して、身近にできる取組みについて調べてみよう。

■参考文献

環境省 (2020)『気候変動影響評価報告書　総説』

『気候変動適応計画』(2021 年 10 月 22 日閣議決定)

ヒートアイランド

作成：三坂育正

■ヒートアイランド現象

　緑や水の豊富な田園地域に都市が形成されると、建物が立ち並び、人間の活動に伴う熱や汚染物質などが大量に排出されることで、周辺の田園地帯とは異なる特有の気候現象、いわゆる「都市気候」が発生する。都市気候は、人間が意図的に作り出したものではないが、人間活動で作られた現象であり、都市の発展とともに変化していく。都市気候の中で、周辺に比べて都市の気温が上昇する現象をヒートアイランド現象と呼ぶ。

　ヒートアイランド現象が発生する要因を図1に示す。発生要因には大きく3つが挙げられる。最大の要因は、地表面被覆の変化に伴う対流顕熱の増加である。自然地域の緑地や河川等の水面、土壌面等の自然地被面が、コンクリートやアスファルト等の人工地被面に変化すると、蒸発潜熱が大きく減少し、表面温度が上昇して対流顕熱が増加する。コンクリートやアスファルトといった人工地被面の多くは不透水面であり、さらに熱容量（容積比熱）が大きいことも特徴があり、熱をためやすくなっている。

　次の要因には、人工排熱による人工顕熱の増加が挙げられる。工場や自動車からの高温の排気や空調室外機からの排気により、人工顕熱が増加して気温上昇に繋がっている。さらに、都市に建物が高度に密集したため、都市の凹凸により日射吸収面の増加や、風通しの悪化による都市空間に熱がこもりやすくなっている。また、建物の密集は、街路空間の天空率を小さくし、放射冷却が阻害され、夜間に気温が低下しない要因となっている。

　以上のように、ヒートアイランド現象は、都市が形成され、人間が活動することによって発生した現象といえる。

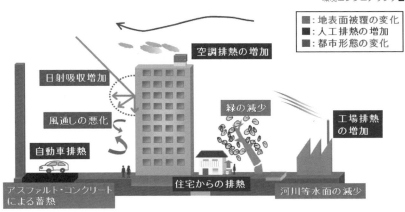

図1　ヒートアイランド現象の発生要因

■ヒートアイランド現象の影響

　ヒートアイランド現象の進行に伴い、都市生活に様々な影響が顕在化している。まず、健康影響として、都市の気温上昇に伴い熱ストレスが増大し、熱中症患者や死亡者の増加が顕著となっている。また、熱帯夜日数が増えることによる睡眠阻害も挙げられている。都市の日中の気温が高くなることで上昇気流が発生しやすくなり、強雨が発生しやすい状況が増え、都市の地表面には不透水面が多いことから、集中豪雨が発生すると洪水になりやすく、防災上の観点で重要である。さらに、気温上昇は夏季の冷房負荷増加をもたらし、エネルギー使用量が増加する。エネルギー使用の増加は、化石エネルギー使用による地球温暖化にも影響し、気温上昇の「負のスパイラル」が起こる。最後に、生態系への影響 として、冬季の最低気温の上昇ンも影響が植物や生物などに及んでいる。東京都内の植物園では、シュロの木の繁殖が進んでおり、デング熱の感染に関係するヒトスジシマ蚊の生息数も増えており、生態系への影響が健康に影響することも顕在化している。

　以上の様に、ヒートアイランド現象が進行するに伴い、健康・防災・エネルギー・生態系などの面で、都市生活への影響が顕在化している。そのため、ヒートアイランドに対する対策の推進が必要である。

■ヒートアイランド対策（緩和策）

ヒートアイランド現象の進行に伴う生活影響が顕在化していることから、対策が推進されている。2004年に「ヒートアイランド対策大綱」が制定され、国や自治体において建築ガイドラインの策定や補助事業など、総合的なヒートアイランド対策を体系化し推進されている。国土交通省は「人工排熱の低減」「地表面被覆の改善」「都市形態の改善」「観測・調査研究の推進」を軸に、緩和に向けた取り組みを進めており、「ヒートアイランド現象緩和のために建築設計ガイドライン」を策定している。また、地方自治体も独自のヒートアイランド緩和に向けた取組みを進めており、東京都や大阪府、愛知県などでは、ガイドラインや指針が制定され、気象・気候まちづくりや建物を新築する場合、対策取組みの実施が必要である。

ヒートアイランド現象の発生要因には、都市表面から緑地や水面、土壌が減り、不透水の人工被覆になることで、蓄熱や大気を加熱する熱の量が増えたこと、さらに人工排熱の増加や風通しの悪化などが挙げられるため、緩和に向け、都市・建物の緑化や保水性舗装・建材、日射の高反射化、人工排熱の削減などの対策が主に進められている。

■ヒートアイランド対策（適応策）

一方で、ヒートアイランド現象の進行に伴う重大な影響の1つに、都市生活者の熱ストレスの増大があり、暑熱環境が人の生活に及ぼす影響として熱中症リスクが挙げられる。都市気温は、緑化などの対策の積極的な推進を図っても早急に低下するとは考えにくく、都市では高温状態の継続が予想される。環境省は、人の熱ストレスによる健康影響や大気汚染などの影響を軽減する対策としての適応策の推進が必要としている。

緩和策が、都市スケールでの気温上昇の抑制が目的であるのに対し、適応策では人の熱ストレス低減を目的としており、体感温度（温熱快適性指標）を評価指標として、人が実際に利用する局所的な空間での対策を推進する。適応策の推進により熱中症リスクを低減させ、温熱環境的に快適な空間の提供で暑熱環境に適応した生活が可能となる。「まちなかの暑さ対

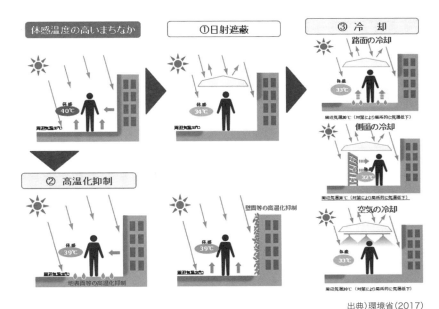

出典）環境省（2017）

図2　まちなかにおける暑さ対策

気象・気候

策ガイドライン」（環境省（2017））では、屋外空間の暑さ対策のポイントとして、図2に示す日射遮蔽・表面被覆対策、ミスト噴霧などを挙げ、暑熱環境に適応したまちづくりの重要性を示している。

■関連するキーワード
地表面の放射収支・熱収支、体感温度（温熱快適性指標）、暑熱適応

■さらに調べよう・考えよう
気候変動（地球温暖化）とヒートアイランド現象の発生要因や対策の違いについて調べ、双方に効果的な対策について考えてみよう。

■参考文献
環境省（2017）『まちなかの暑さ対策ガイドライン　改訂版』
日本建築学会編(2020)『都市の環境設備計画』森北出版

ZEH・ZEB

作成：磯部孝行

■ZEH・ZEB

住宅や商業施設、学校、病院などの建築物は暖房や冷房設備、給湯器、換気扇、照明など多くの設備機器が導入され、人々が住まう住空間や業務を行うオフィスの快適な環境を維持するために電気やガスなどのエネルギーを大量に消費している。

そのため、各種建築物において省エネルギー化を進めるだけではなく、再生可能エネルギーを導入することによって、運用時におけるエネルギー収支を実質ゼロにするという概念が整備され、住宅について ZEH（ネット・ゼロ・エネルギーハウス）、一般建築物について ZEB（ネット・ゼロ・エネルギービル）と呼ばれるようになった。

住宅や建築物においては、大量にエネルギーを消費し、それに伴い CO_2 を排出していることからカーボンニュートラルに向けた国の施策として、ZEH や ZEB の普及が図られている。

■ZEH（ゼッチ：ネット・ゼロ・エネルギーハウス）

ここでは、具体、ZEH について解説する。住宅にはさまざまな設備が導入され、使用段階において消費されるエネルギーは暖房・冷房のほか、風呂や調理などに用いられる給湯、照明など多岐にわたる。

ZEH では住宅自体の性能と設備機器の性能向上により、エネルギー消費量を極力削減することを求めている。ここでは、ZEH に関わる住宅の性能向上と設備の視点より、ZEH について具体解説する。

ZEH に関わる主な住宅の性能は、住宅の熱の伝わり方を数値化した外

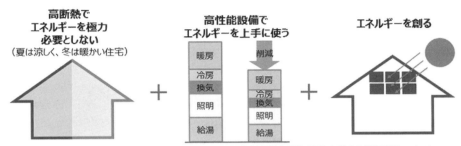

出典）経済産業省、ZEH に関する情報公開について

図1 ZEHの概念図

皮平均熱貫流率（UA 値）と呼ばれる断熱性能があり、値が小さいほど断熱性能が高い住宅となる。地域により異なるが関東平野部であれば、標準のもので UA 値 =0.87 以下、ZEH 性能の住宅であれば UA 値 =0.60 以下となる。UA 値を向上させるためには壁、屋根、床に高性能な断熱材を布設し、断熱性能の高い複層ガラスを用いた窓を導入することで住宅全体の断熱性能を向上させることができ、エアコンなどの暖冷房設備の消費エネルギー量を低減することに貢献できる。

　次に、エアコンや給湯器などの設備については、高性能の設備を導入することでエネルギー消費量の削減に貢献できる。例えば、空気中から熱を集め熱エネルギーとして利用するヒートポンプなどの技術を適用させたエアコンや、水素などの化学エネルギーを直接エネルギーに変換する燃料電池を用いた給湯器、照明設備では LED 照明など、高性能の設備を導入することで更なる省エネルギー化を図り、使用時のエネルギー消費を極力低減することが可能となる。そして、太陽光発電パネルなどの再生可能エネルギーを導入し、使用時の消費エネルギー量を全量賄うことができれば ZEH となる。

　ZEH の普及状況と将来的な目標として、2020 年のハウスメーカーが新築する注文住宅においては、約 56% が ZEH となったことが公表されている。さらに、2021 年 10 月に閣議決定された第 6 次エネルギー基本計画においては 2030 年度以降新築される住宅について、ZEH 基準の水準

資源・エネルギー

の省エネルギー性能を目指すことが政府目標として掲げられており、更なるZEHの普及が期待されている。

■ZEB（ゼブ：ネット・ゼロ・エネルギービル）

　ここでは、具体、ZEBについて解説する。ZEBはネット・ゼロ・エネルギービル、つまり住宅以外の用途で用いられる建築物を対象にしたものである。概念としては、使用時のエネルギー消費量を全量再生可能エネルギーで賄い、エネルギー収支ゼロを達成した建築物となる。ただし、エネルギー消費の形態や量が住宅とは異なり、オフィスであれば照明・コンセントや冷房などの熱源に起因するエネルギー消費量が大きくなるなど、建物用途、また、建物規模によってエネルギー消費の用途や量が異なることを理解することが重要である。

　各建物用途でエネルギー消費の用途や量が異なることから、ZEBにおいてはZEB、Nearly ZEB、ZEB Ready、ZEB orientedの4つのランクがあり、それぞれの建築物において一定のエネルギー削減努力をしたものについてZEBの認定が受けられる制度となっている。

　ZEBの普及状況と将来的な目標として、公的な資料として公表されている最新のデータでは2019年度累計323物件となっており、2030年目

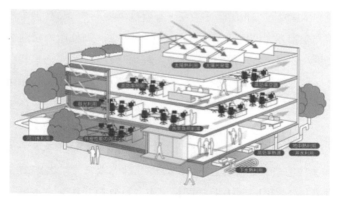

出典）経済産業省、ZEBに関する情報公開について
図2　ZEBの概念図

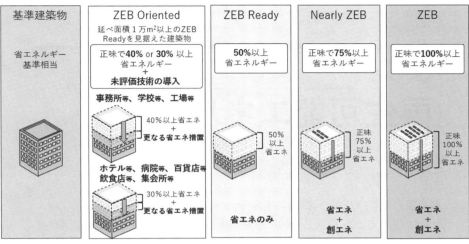

基準建築物	ZEB Oriented	ZEB Ready	Nearly ZEB	ZEB
省エネルギー基準相当	延べ面積1万m²以上のZEB Readyを見据えた建築物 **正味で40% or 30%以上省エネルギー** **＋** **未評価技術の導入**	**50%以上省エネルギー**	**正味で75%以上省エネルギー**	**正味で100%以上省エネルギー**

出典）愛知県、ZEB（Nearly ZEB）の運用実績、ZEB ランク（種類）

図3　ZEBのランク

標は、新築建築物の平均で ZEB を実現すると野心的な目標が政府により掲げられている。

■関連するキーワード

UA値、断熱、省エネルギー、再生可能エネルギー

■さらに調べよう・考えよう

[1] みなさんの住まいを ZEH 化するために、自宅のエネルギー消費量を光熱費などから調べ、何が必要か考えてみよう。

[2] ZEB もさまざまなタイプがありますが、まずは身近な学校施設などを中心に、どのような設備機器が導入されてエネルギーが消費されているのか調査して把握しましょう。また、エネルギー消費量を把握した上で ZEB となるための方策を考えてみましょう。

■参考文献

経済産業省 ,ZEH に関する情報公開について
経済産業省 ,ZEB に関する情報公開について
経済産業省，令和元年度 ZEB ロードマップフォローアップ委員会とりまとめ
愛知県 ,ZEB（Nearly ZEB）の運用実績 , ZEB ランク（種類）

資源・エネルギー

3.3 資源・エネルギー
再生可能エネルギー

作成：白井信雄

■再生可能エネルギー、自然エネルギー、都市エネルギー

　再生可能エネルギーは、その名前（再生可能）の通り、使っても再び元に戻って使えるようになる、枯渇することがないエネルギーのことである。

　ここで再生可能には２つの場合がある。１つは「自然の太陽・地球物理学的・生物学的な資源に由来し、人間が適正に利用すれば自然界によって再生される」場合である。自然界で再生されるエネルギーを「自然エネルギー」といい、太陽光、太陽熱、風力、水力、地熱、波力、温度差、バイオマス等が相当する。

　もう１つの再生可能な場合は人間活動が稼働する限り発生するということで、これに相当するものとして廃棄物エネルギーや下水廃熱等があり、これらは「都市エネルギー」といわれる。

　また、再生可能エネルギーに対して、「枯渇性エネルギー」という言葉がある。石油や石炭、天然ガス等の化石燃料のことで、一度使ったら元には戻らず、枯渇していく。化石燃料は元をたどれば、植物や動物の化石が変化したものであるが、その生成には数千万〜数億年という膨大な時間がかかり、利用に再生が追いつかない。

　再生可能エネルギーのことを「地上資源」、枯渇性エネルギーのことを「地下資源」ということもできる。地上資源のうち地熱を除く自然エネルギーの源は太陽から供給されるエネルギーである。太陽光発電や太陽熱はもとより、風力や水力も太陽エネルギーの供給によって生じる大気や水の循環から、エネルギーを取り出すものである。バイオマスも太陽光による光合成で生成されたものである。

172

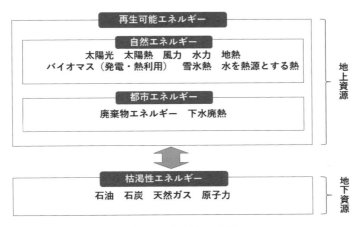

図1　エネルギーの分類

　これに対して、地下資源は地下から掘り出して利用するもので、掘り出した分だけ減少していく。また、もともと地上になかったものを地下から掘り出し、その燃焼によって生じるガスや残渣が地上に放出されるために環境汚染や気候変動等の地球の地上環境の変化が生じる。

■再生可能エネルギーの価値の変化（時代の写し鏡）

　日本の場合で時代変化を示す。日本の江戸時代には、熱源は里山から採取された薪や炭、光源は蝋や菜種油、魚油等、動力源は人力や牛、馬等の他、風車や水車等というように再生可能エネルギーが利用されてきた。しかし、明治維新より石炭、戦後復興で石油が使われるようになると、再生可能エネルギーの利用が激減した。蒸気機関の発明が大量生産と大量消費を可能とし、「工業化と都市化」といった社会変動、すなわち産業革命に起因する近代化が世界に広がったためである。これにより、再生可能エネルギーは石炭や石油に比べて、市場価値が低いとみなされた。

　しかし、1970年代の石油危機、1990年代以降の気候変動の問題等が顕在化することで、再生可能エネルギーの持つ価値が見直されてきた。石油危機においは石油に代わる代替エネルギーとして、気候変動に対しては

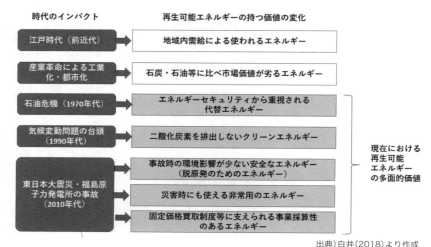

出典）白井（2018）より作成

図2　再生可能エネルギーの意味の時代変化

二酸化炭素を大気中に増やさないクリーンなエネルギーとして、再生可能エネルギーの価値が高まった。

　さらに、2011年に東日本大震災による福島原発事故が発生し、再生可能エネルギーの発電を促す固定価格買取制度等が整備されると、再生可能なエネルギーは、事故の影響が比較的小さい安全価値、あるいは非常用電源として使える防災的価値、さらには事業採算性のある事業を生み出す経済的価値を高めることになった。

　今日では、再生可能エネルギーは環境、経済、社会、安全・安心といった多面的な価値を持つものとして、普及が進められている。特に、2050年のゼロカーボンを実現するためには、省エネルギーとともに再生可能エネルギーの最大限の導入が必要となっている。

■地域主体にとって身近にあり、制御可能な技術

　化石燃料といった地下資源、さらには高度な管理を必要とする原子力によるエネルギー供給は、エネルギーの生産と消費の関係を切り離し、エネルギーを消費者や地域政策から見えない、知らない、選択できないものと

してしまった。このことがエネルギー供給における環境や社会経済への影響に対する無関心や無責任をもたらしてきた面がある。これに対して、再生可能エネルギーは大量の安定供給を求める市場経済においては扱いにくいが、自分たちの身近にあり、制御可能なエネルギーである。身近で制御可能な技術という特性を持つゆえに、再生可能エネルギーは地域・市民主導による利用に適している。

　近年では、技術開発や導入支援制度により、再生可能エネルギーの事業採算性が高まっている。このため、地域外の資本による大規模なメガソーラーの開発のように、地域住民に受け入れられない側面も現れている。つまり、「再生可能エネルギー＝手ばなしで地域・市民主導に適した技術」ではない。再生可能エネルギーであっても、誰が何のために利用するか次第であり、両刃の剣であることに注意する必要がある。

■関連するキーワード
再帰的近代化・エコロジー的近代化、エネルギーセキュリティ、気候変動と異常気象、脱炭素・カーボンニュートラル

■さらに調べよう・考えよう
[1] 再生可能エネルギーは割高であるといわれることもあるが、本当にそうだろうか。再生可能エネルギーの設置コスト、発電コスト等の状況や時系列の変化を調べてみよう。

[2] 再生可能エネルギーのうち、新たに技術開発を進めているものを「新エネルギー」というが、「新エネルギー」の技術開発の状況と実用化の可能性を調べてみよう。

■参考文献
白井信雄（2018）『再生可能エネルギーによる地域づくり〜自立・共生社会への転換の道行き』環境新聞社

田中充・白井信雄・馬場健司（2014）『ゼロから始める　暮らしに生かす再生可能エネルギー入門』家の光協会

安田陽（2021）『世界の再生可能エネルギーと電力システム　全集』インプレスR&D

175

LCA（ライフサイクルアセスメント）

作成：磯部孝行

■ライフサイクルアセスメント

　LCA（ライフサイクルアセスメント）は、製品、サービスのライフサイクル、つまり資源採取から原料製造、部品製造、組立、使用、廃棄にいたる（ゆりかごから墓場まで）全てのプロセスを捉え、環境影響などを分析評価する手法である。

　LCA は、米コカ・コーラ社が洗浄し再び瓶として利用するリターナル瓶と飲料缶の環境影響評価において LCA の基礎が築かれたといわれている。現在、LCA は環境影響評価手法として、リターナル瓶と飲料缶にとどまらず様々な分野で活用が進んでいる。

■ISO14040

　LCA は国際規格である ISO に定義されており、LCA に関連する規格としては ISO14040 番台の規格があり、LCA の考え方と枠組み、LCA 実施の際の要求事項が定められている。LCA の実施においては、図１に示すように（１）目的および調査範囲の設定、（２）インベントリ分析（対象製品のデータを収集し CO_2 排出量など環境負荷項目を算定すること）、（３）影響評価、（４）結果の解釈を含むこととしている。

　原則としてこの手順に従って LCA を行うことが定められており、評価の目的に応じて適切な調査の範囲などを設定することが重要となる。

　「（１）目的および調査範囲の設定」の具体例として、リサイクルによる環境影響を比較する場合の評価範囲の設定例を図２に示す。リサイクルされる製品は、使用後にリサイクルされ、製造、リサイクル製品がつくら

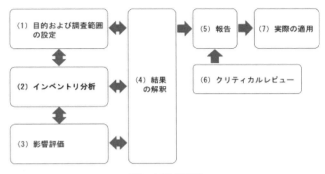

図1　LCAの手順

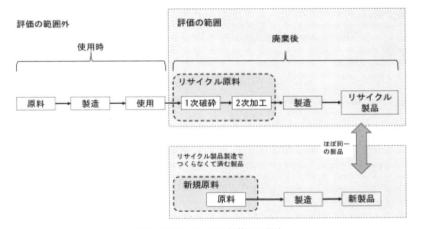

図2　LCAにおける評価範囲の設定

　れることになる。そのため、リサイクル製品を評価する場合、リサイクル以降の製造プロセスを評価範囲として含めることとなる。つまり、使用段階における環境影響は不問となる。

　また、リサイクル効果を比較するためには、同様の製品（リサイクル製品の製造で製造しなくてよくなる製品）の原料調達から製造にいたる評価範囲を設定し、リサイクル製品の環境影響および新規原料から新製品を比較することでリサイクルによる環境影響を捉えることができる。リサイクルには環境影響を削減できるものと増えるものがあり、LCA によりリサ

177

イクルの環境影響を定量的に捉えることが重要である。

■LCAに用いられる原単位データ（産業連関法と積上法）

　LCA に用いられる原単位データは、総務省が公表している統計データである産業連関表を用いる場合と原料調達、製造、廃棄の各プロセスのデータを用いる場合がある。前者のデータを用いる方法を産連法、後者のデータを用いる方法を積上法という。日本国内の LCA に関するデータベースは、産業連関表でつくられた代表的なデータベースとして国立環境研究所が公表している 3EID と、積上法でつくられた代表的なデータベースとして産業技術総合研究所が開発し、一般社団法人サステナブル経営推進機構が販売している IDEA（Inventory Database for Environmental Analysis）などがある。

　産連法のデータは、ある製品の製造及び廃棄に至る環境影響だけではなく、製造に関わる事務所の建設、製造設備の製造に関わる環境負荷など、評価対象となる製品の製造・廃棄に関わる全ての波及効果を反映できること、代表性が高いことが特徴とされている。

　積上法によるデータは、ある製品の製造及び廃棄に至る資源やエネルギーの投入量を捉え、環境影響を反映したデータとなり、ある製品の各プロセスにおける評価・分析が可能となることが特徴である。そのため、個別性の高いデータを作成できることから、各企業における製品に関わる LCA で広く活用されている。

■LCAの活用事例

　現在は、LCA によりさまざまな製品やサービスの環境負荷を公表する

出典）一般社団法人サステナブル経営推進機構、
CFP マークについて

図3　カーボンフットプリント

制度である「エコリーフ」や、CO_2 排出量に特化した「カーボンフットプリント」などに活用されている。

　カーボンニュートラル実現に向け、LCA は各産業、企業における CO_2 排出量を把握する手法として期待されており、各業界で評価の枠組みが整理されている。

■関連するキーワード
エコリーフ、カーボンフットプリント

■さらに調べよう・考えよう
[1] 身近な生活の中にも、LCA により環境負荷が開示されているものがあります。カーボンフットプリントなどを中心に身近な商品などの CO_2 排出量を調べてみましょう。
[2] 家電量販店には、様々な家電製品があります。その中で、どのような家電製品が、ライフサイクルをとおして環境負荷が少ないか、使用時の消費エネルギー量、製品の製造、廃棄段階を調べ、考えてみてください。

■参考文献
一般社団法人サステナブル経営推進機構 ,CFP マークについて

資源・エネルギー

3R（リデュース、リユース、リサイクル）

作成：髙橋和枝

■3Rの浸透

　3Rとはリデュース（廃棄物の発生抑制 Reduce）、リユース（再使用 Reuse）、リサイクル（再資源化 Recycle）の3つの頭文字をとったもので、近年ではさらにリニューアル（再生 Renewal）、リフューズ（断る Refuse）、リペア（修理 Repair）などを加えた4Rや5Rということもあるが、いずれも無駄を省き、資源を有効利用し、最終処分量を減らすための行動を意味するものである。

　わが国で3Rの政策への導入は、「資源の有効な利用の促進に関する法律（資源有効利用促進法）」（1991年に制定された「再生資源の利用の促進に関する法律（再生資源利用促進法）」を一部改正）に始まる。その社会的背景としては、最終処分場（3Rが困難なものを処分するための施設）のひっ迫の他、将来の資源枯渇を回避し、循環型社会へ転換を促すためには従来のリサイクル対策だけではなく、リデュース対策、リユース対策も必要であるという見解に基づくものである。環境の観点からはリデュース、リユースがリサイクルよりも優先するが、全ての製品で可能なものではないことに留意すべきである。2004年の主要国首脳会議（G8サミット）では、3Rを通じて循環型社会をめざす「3R行動計画」を日本が提案して採択され、国際社会における3Rの普及に貢献した。

■リサイクル

　国内では、物品の特性に応じたリサイクル法が1997年頃から次々と整備された。（図）各法が制定された背景と現状、課題等を次に示す。

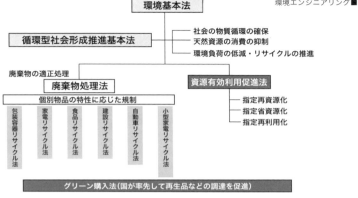

図　環境・リサイクル関連の法規制

① 容器包装

　一般廃棄物の多くを占めていた「容器包装」廃棄物を対象とした「容器包装に係る分別収集及び再商品化の促進等に関する法律（容器包装リサイクル法）」が施行された。この法律により、消費者が「分別」して排出した廃棄容器包装を市町村が「分別収集」し、企業で「再製品化」をするリサイクルシステムが整った。中でもペットボトルのリサイクル率（リサイクル量をボトル販売量で割ったもの）は高く、2021 年には 86％となっており、世界最高水準を維持している。一方、回収されたペットボトルの約4 分の 1 は海外で再資源化されており、その多くは中国や東南アジアに輸出されてきたが、2018 年に中国が環境対策としてプラスチックごみの受け入れを禁止する方針を決め、他のアジアの国々も追従したため、現在、国内には多くのプラスチック廃棄物が滞るだけではなく、処理費用が急増するという課題が生じている。

② 家電製品

　一般家庭から排出される使用済みの廃家電製品には鉄以外にもアルミ、ガラスなどの有用な資源が多く含まれており、資源回収が必須である。そこで「特定家庭用機器再商品化法（家電リサイクル法）」が 2003 年に施行された。この法律は、一般家庭や企業などから排出された家電製品のうち、エアコン、テレビ、冷蔵庫・冷凍庫、洗濯機・衣類乾燥機を対象とし

ている。家電メーカーには「再商品化」を行うことが義務づけられた結果、メーカーとリサイクル業者の連携が進められることになった。このように生産者が、その生産した製品が使用され、廃棄された後においても、当該製品の適正なリサイクルや処分について一定の責任を負うという考え方を拡大生産者責任（Extended Producer Responsibility :EPR）と言う。EPRとはすなわちモノづくりをライフサイクルで考えるという意味であり、どのような製品でも重要な考え方である。

③ 食品

　食品ロスは本来食べられるにもかかわらず廃棄されている食品のことであり、2020年度には年間522万トンと推計されている。食品循環資源の再利用等を推進するため、「食品循環資源の再利用等の促進に関する法律（食品リサイクル法）」が2001年に試行され、2007年に改正された。食品製造業から排出される食品廃棄物は分別が比較的容易であるため飼料などへの利用がすすめられているが、食品小売業や外食産業から排出される廃棄物は、回収量や衛生上の問題などがあり、焼却・埋立等により処分されることがまだ多いといった課題がある。

④ 建設廃棄物

　建設工事に伴って廃棄されるコンクリート塊、アスファルト・コンクリート塊、建設発生木材の建設廃棄物は大量であるだけではなく、不法投棄物の7割を占めていたという報告もある。そこで、資源の有効な利用を確保し、廃棄物の再資源化を推進するために建設工事に関わる資材の再資源化等に関する法律　（建設リサイクル法）が2000年に施行された。しかしながら、現在も建設廃材の不法投棄が引き起こす社会問題の他、重機を用いた解体による混合物の存在等により再資源化率が妨げられるという課題が指摘されている。

⑤ 自動車

　自動車には鉄をはじめ多くの資源が含有されているが、総重量の約80％がリサイクルされ、残りの約20％はシュレッダーダストとしてこれまで主に埋立されてきた。そこで、自動車の新しいリサイクルの仕組みとし

て「使用済自動車の再資源化等に関する法律（自動車リサイクル法）」が2005年に完全施行された。自動車リサイクル法では、車の所有者がリサイクル料金を支払うことの他、シュレッダーダストの利用やリサイクル率の目標値などが決められており、リサイクルだけではなく部品のリユース等も進められている。

⑥ 小型家電

　国際的な資源価格の高騰を背景として、使用済み小型電子機器等の適正な処理および資源の有効な利用を図るため、「使用済小型電子機器の再資源化の促進に関する法律（小型家電リサイクル法）」が制定された。その対象はパソコンや携帯電話・通信機器、キッチン家電など多種多様である。小型家電リサイクル法と家電リサイクル法の違いは、回収は主に市町村が行い、リサイクルの実施主体が認定事業者である点である。

資源・エネルギー

■関連するキーワード
リデュース、リユース、リサイクル、資源循環

■さらに調べよう・考えよう

[1] プラスチック廃棄物のリサイクルには①サーマルリサイクル、②マテリアルリサイクル、③ケミカルリサイクルがある。現状、どのリサイクル方法が多いのか、さらに今後のあるべき姿を考えてみよう。

[2] 新型感染症が急拡大した2020年頃、古着の回収が多くの市町村で休止された。その状況を調査し、原因と今後の衣類のあるべき姿を考えてみよう。

■参考文献

環境省 法令・告示・通達 総合目次 廃棄物・リサイクル , https://www.env.go.jp/hourei/11/index.html〈最終閲覧日 2023.1.20〉

一般財団法人 家電製品協会 環境配慮設計・製品アセスメント , https://aeha.or.jp/environment/〈2023.1.20〉

農林水産省 食品ロスとは , https://www.maff.go.jp/j/shokusan/recycle/syoku_loss/161227_4.html,〈2023.1.20〉

エネルギーセキュリティ

作成：白井信雄

■エネルギーセキュリティの重点の変遷

　エネルギーセキュリティは、エネルギー安全保障とも言われ、政治・経済・社会情勢の変化に過度に左右されずに、国民生活に支障を与えないように適正な価格で安定的にエネルギーを供給できるようにすることである。

　エネルギーセキュリティが問題になったのは、1970年代に発生した2度の石油危機である。石油への依存を高めるなかで、主要な産油国である中東での紛争により、原油の供給逼迫と原油価格の高騰が起こり、世界経済に深刻な影響を与えた。当時の日本は高度経済成長期にあったが、戦後初のマイナス成長を経験し、また石油関連製品の値上がりにより、消費者物価指数が上昇し、エネルギー政策の見直しが迫られた。

　これにより、世界的に省エネルギーと石油以外のエネルギー（再生可能エネルギーや原子力等）の技術開発と普及を進めることになった。その後も1990年代の湾岸戦争、現在も続くロシアのウクライナへの軍事侵攻により、エネルギーの安定供給が損なわれている。

■懸念される新たな問題

　1990年代に気候変動問題が台頭し、2020年代には脱炭素（脱化石燃料）を目指して、再生可能エネルギーの導入が加速化されている、再生可能エネルギーの系統接続により、電力の安定供給が懸念されている。また、気候変動の進展により豪雨や猛暑の強大化が進行しており、こうした災害による非常時の電源や熱源の確保も必要になっている。

　2011年の福島原子力発電所の事故もまた転機となった。ただし、これは

表　エネルギーセキュリティを高める方法

エネルギー需要側の対策	省エネルギー
	オフグリッド（エネルギー自家消費）
	国内エネルギーの調達（自給率の向上）
エネルギーの分散化	エネルギー構成の多様化（脱石油）
	輸入相手国の分散化
エネルギー供給の安定化	エネルギーの輸送経路の安全確保
	国内のエネルギー供給インフラの確保
	エネルギー資源の備蓄

エネルギーセキュリティというより、安全性の問題として区別されている。

■エネルギーセキュリティを高める方法と規範

　エネルギーセキュリティを高める方法を表に示す。日本のエネルギー政策はエネルギーセキュリティ（Energy security）だけでなく、経済効率性の向上（Economic efficiency）、環境への適合（Environment）、安全性（Safety）を合わせた「3E＋S」の規範から、多層的なエネルギー供給を目指すこととされている。

　「3E＋S」に加えて、地域・市民レベルの視点も重要である。例えば、再生可能エネルギーは地域や市民が主導して活用可能な地域資源であり、地域活性化や地域課題の解決、自治の促進に役立つエネルギーである。エネルギーセキュリティはもとより、経済、環境、安全、そして地域・市民レベルの視点も含めて、エネルギー政策は総合的に検討されなければならない。どの規範を重視すべきか、各規範を達成するための方法間のトレードオフをどのように解消するかなども含めて、エネルギー政策への国民参加が必要である。

■関連するキーワード
再生可能エネルギー、気候変動適応、レジリエンス

■参考文献
エネルギーに関する年次報告（エネルギー白書）

資源・エネルギー

バイオマス

作成：門多真理子

■バイオマスと光合成

バイオ (bio) は生物・マス (mass) は質量の意味を持ち、バイオマスは生物体を資源とみなした表現である。例えば木の一部だった薪は燃料であり、バイオマスの1つである。もともとはエネルギー源となる生物体を指す単語であったが、意味が拡張され、食糧や生物体由来の素材 (皮・木綿・材木等) なども含めるようになった。バイオマスはその由来から、廃棄物系・未利用系・資源作物系に分けられ、アイテムは多岐にわたる。

光合成は、光と二酸化炭素と水を吸収し、デンプンをはじめとする炭水化物と酸素を作る化学反応とも捉えられるが、太陽の光エネルギーを炭水化物の持つ化学エネルギーに変えるエネルギー変換システムと捉えることもできる（図）。地球上のバイオマスはすべて光合成産物に由来する。太陽光の持続性によりバイオマスの持続的生産が担保される。草食動物はもちろん、肉食動物の体もその餌となる生物体は元をたどれば光合成産物である。人工光合成の技術を今のところ人類は持っていないので、植物など光合成生物が生育できない地球環境にすれば、食糧も酸素も得られず大気中の二酸化炭素濃度が上がり、我々は生存できない。

図の左辺の二酸化炭素は光合成生物に取り込まれ、光合成により炭水化

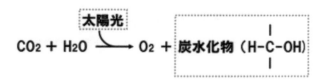

$$CO_2 + H_2O \xrightarrow{\text{太陽光}} O_2 + \text{炭水化物 (H-C-OH)}$$

図　光合成を示す化学式とエネルギー変換

物になる。炭水化物とは、炭素原子に水分子に相当するヒドロキシ基(–OH)と水素原子が結合した化合物。典型的炭水化物であるブドウ糖は$(C_6H_{12}O_6)$の構造を持ち、デンプンはブドウ糖の分子が多数、脱水による縮合重合した高分子化合物である。また、太陽光の持つ光エネルギーは、炭水化物の持つ化学エネルギーに変換される(点線で表示)。

■バイオマスのカーボンニュートラル(炭素中立、炭素循環)

バイオマス燃料を燃焼させたり、バイオマス素材廃棄の際に中間処理で焼却させたり自然分解させたりして生じる二酸化炭素は、直前に行われたバイオマス形成時の光合成で大気中から吸収したもので、温室効果ガスである大気中の二酸化炭素を増加させることにはならない。バイオマスは、カーボンニュートラルな物質で、脱炭素社会構築に貢献できる。

なお、最近はカーボンニュートラルの単語を社会目標として別の意味でも使われるようになった。その場合は、温室効果ガスの排出量と吸収量が社会全体で等しくなることを指している。ネットゼロ、カーボンゼロともいう。

バイオマス・食

■バイオマスの利用促進

日本では、バイオマス活用推進基本法に基づくバイオマス活用推進基本計画によりバイオマスは再生可能な資源として、循環型社会構築に向け、①バイオマスの生産力の向上と持続性の両立をさせつつ利用を推進すること、②新技術を開発することを目指すことが示されている。

■関連するキーワード

光合成、エネルギー変換、広義のカーボンニュートラル、太陽光の持続性

■参考文献

バイオマス活用推進基本法［2009（平成21）年制定］
https://elaws.e-gov.go.jp/document?lawid=421AC1000000052
バイオマス活用推進基本計画［最新では2022（令和4）年9月に改訂］
https://www.maff.go.jp/j/press/kanbo/bio_g/attach/pdf/220906-1.pdf

バイオマスエネルギー

作成：門多真理子

■持続可能社会における使用意義

バイオマスの薪や油はエネルギーを持つ燃料として人類誕生当時から使用されてきた。その後発見された化石燃料は、そのエネルギー密度の高さからバイオマス燃料を凌駕した。しかし今後、持続的生産が可能で脱炭素社会構築に貢献できるバイオマスエネルギーの利活用が期待される。2021年策定の第6次エネルギー基本計画で示されている2030年の電源構成（発電割合）の目標値としてバイオマス発電は5%に引き上げられた。

バイオマス燃料は、太陽光があり植物が生育できるところでは生産ができ、その地域偏在は少ない。また、輸送や貯蔵ができる点は優れているが、エネルギー密度が低めのため、輸送によるエネルギーのロスは大きく、地産地消が望ましい。なお、バイオマス燃料は混合物のため、有効成分の純度を高める工程はコストやエネルギーを必要とする。図に使用意義をまとめた。

■由来別バイオマスの利用状況と課題

廃棄物系バイオマス燃料は、食品廃棄物や家畜糞尿のメタン発酵によって得られるバイオガス（主成分メタン）や、木質系廃棄物を固形化した燃料（チップやペレット）が主で、燃焼させてバイオマス発電や熱利用を行っている。

未利用系バイオマスは主に海外での分類で、林地残材（間伐後にその場に残したままの枝）や、農産物の非可食部等の利用が求められている。だが、日本ではコストに見合う利用は、やり尽くされている感がある。

資源作物系バイオマスは、燃料や素材用に作付けし、農地を必要とする。

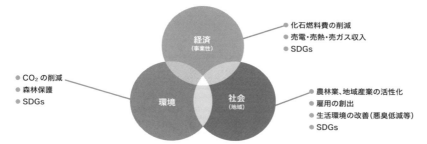

経済
(事業性)

● 化石燃料費の削減
● 売電・売熱・売ガス収入
● SDGs

● CO₂ の削減
● 森林保護
● SDGs

環境

社会
(地域)

● 農林業、地域産業の活性化
● 雇用の創出
● 生活環境の改善(悪臭低減等)
● SDGs

出典)新エネルギー産業技術総合開発機構(NEDO)、2022の3頁を改変

図　バイオマスエネルギー利用の3つの意義

アブラヤシは東南アジア等で栽培され、単位面積当たりのエネルギー量が断然1位である。得られるパーム油やパーム核油からは食品や石鹸以外に、火力発電の燃料・軽油と混合するバイオディーゼル燃料〔油中の脂肪酸メチルエステル（FAME）、日本の商標はBDF〕・水素化バイオ軽油等に利用している。アブラヤシ栽培に伴う熱帯雨林破壊は別の環境問題を引き起こしている。

　北米のトウモロコシや南米のサトウキビは、主成分のデンプンとショ糖からバイオエタノールの生産（バイオマスプラスチックの項目を参照）実績がある。これらの作物は栽培と産物の精製に化石燃料を使っており、真にカーボンニュートラルなバイオマス燃料とは言い難いし、食糧と競合もする。

　さらに、燃料油脂を生産する微細藻類、セルロース系バイオエタノール生産を目指す草本系植物、燃料用木質資源作物等の検討が進められている。

　なおバイオマス発電の日本での高い数値目標を達成すべく、アブラヤシ油を搾った後の殻(パーム椰子殻、PKS：Palm Kernel Shell)を、化石燃料を使って日本に運んで発電に使うという、本末転倒の使用法が行われている。

■関連するキーワード

再生可能エネルギー、パームヤシ、バイオジェット燃料

■参考文献

NEDO 新エネルギー部（2022）『バイオマスエネルギー地域自立システムの導入要件・技術指針第6版基礎編』、NEDO.
https://www.nedo.go.jp/content/100932083.pdf

バイオマス・食

バイオマスプラスチック

作成：門多真理子

■バイオマスプラスチック（以後バイオマスプラと略す）とは

プラスチック（plastic）の本来の意味は可塑性であるが、現在は造形が容易なために安価で汎用される多種の有機高分子化合物（単位物質となる低分子化合物を連結させたもの）を指し、原料の大部分は石油である。硬度・透明度・熱可塑性等の性質が様々で用途を選ぶことができる。

バイオマスプラは原料がバイオマスであるプラスチックである。バイオマスプラを含むプラスチックのカテゴリーと例を表にまとめた。環境の観点からは①バイオマスが原料であるか、②海洋分解性・生分解性を持つかの2点の性質が重視されている。①は原料がカーボンニュートラルであるため、燃使用後に焼却処理されても排出される二酸化炭素は大気中濃度増加に加担しない意味で価値がある。②は海洋プラスチック汚染が世界の環境問題となっている現在、期待される性質である。

2種類の原料となる分子AとBを、−A−B−A−B−の形で連結することを共重合といい、プラスチック合成でも良く用いられる。市場に出ているプラスチックで、Aがバイオマス由来、Bが石油由来でバイオプラと表示されているものがあるが、真のバイオマスプラではなく進化途上の形態であろう。

表　プラスチックを原料の由来と生分解性で分類した4つのカテゴリーと例

	バイオマスプラ	石油由来プラ
生分解性プラ	ポリ乳酸 (PLA) PHBH	ポリビニルアルコール (PVA) ポリグリコール酸 (PGA)
非生分解性プラ	バイオPE ポリアミド11 (PA11)	ポリエチレンテレフタラート (PET) PEなど多数

$$C_6H_{12}O_6 \xrightarrow[\substack{\text{アルコール}\\ \text{発酵}\\ \text{酵母}}]{} H-\underset{\underset{H}{|}}{\overset{\overset{H}{|}}{C}}-\underset{\underset{H}{|}}{\overset{\overset{H}{|}}{C}}-OH \xrightarrow[\substack{\text{脱水}\\ H_2O}]{} \underset{H}{\overset{H}{>}}C=C\underset{H}{\overset{H}{<}}$$

ブドウ糖（バイオマス由来）　　エタノール　　　エチレン

図　バイオマス由来エチレンの合成

■バイオポリエチレン（バイオPE）について

　レジ袋の素材は PE で、二重結合を持つエチレン分子を重合させて作られる。石油由来のエチレンに加え、近年ではバイオマスであるブドウ糖を単細胞生物の酵母等によるアルコール発酵でエタノールを生成させた後、分子内脱水でエチレンを合成し、PE の材料とするようになった（図）。バイオ PE はカーボンニュートラルな素材のバイオマスプラの 1 つである。

■生分解性プラスチック（通称：グリーンプラ）、海洋分解性プラスチック

　PE のように、–C–C– で結合したプラスチックは環境中でほぼ分解されず、海洋プラスチック汚染を引き起こす元凶となっている。一方、エステル結合で高分子化したプラスチックの一部は環境中で分解されるものがあり、生分解性プラスチックとよばれる。分解菌が土壌中より海水中に少ないため、海洋分解性プラスチックの認証を得る方が土壌中での分解を指標とした生分解性プラスチック認証を得るよりハードルが高い。バイオマスプラの PHBH［それぞれがヒドロキシ基（–OH）とカルボキシ基（–COOH）の両方を持ち、炭素原子 4 個と炭素原子 6 個からなるバイオマス由来の 2 種の分子の共重合ポリエステル］は、海洋分解性の認証を得ていて、今後が期待される。

■関連するキーワード
生分解性、海洋分解性、海洋のプラスチック汚染

■参考文献

佐藤俊介・有川尚志・小林新吾ら（2019）「微生物による生分解性ポリマー
　　PHBH 製造法の開発」『生物工学会誌』97(2).

バイオマス・食

3.4 バイオマス・食
食料システム

作成：舟木康郎

■食料をシステムとして捉える

　国連によれば「食料（フード）システム」とは、食料の生産、加工、輸送及び消費に関わる一連の活動のことを指す。「食料サプライチェーン」という言葉が食料の生産から消費までの一連の流れを指すのに対し、「食料システム」は、全ての関係者、その相互に関連する活動やそれらを含む幅広い経済、社会及び物理的環境を包含したより広い概念といえる。

　食料をめぐっては、2021年に国連食料システムサミットが開催された。2015年の国連での「持続可能な開発目標（SDGs）」の採択の後に国連が開催した、食料に関する初の首脳級会合である。同サミットが開催された理由は、現在の食料システムが多様な課題を抱えているからに他ならない。

■食料システムの変革の必要性

　世界の栄養不足人口は2010年頃まで減少が続いたが、その後横ばいとなり、新型コロナウイルスの世界的流行が生ずると明らかな増加傾向に転じた。また、ロシアによるウクライナ侵略を受け、コロナ禍で上昇傾向にあった食料や肥料の価格は一層高騰した。このような中、世界の食料安全保障を確保していくことは重要な課題である。他方、現在の食料システムは温室効果ガス排出量の最大約3分の1（表）に寄与し、農業だけで生物多様性の喪失の最大80%、淡水使用量の最大70%に寄与しているなど、環境への負荷が大きな課題として指摘されている。これらに対応するため、食料システムをより強靭かつ持続可能なものへと変革していくことが求め

表 食料システム由来の温室効果ガスの排出量
（2007〜2016年の平均）

食料システムの構成要素	年あたりの排出量 (Gt CO$_2$相当)[1]	全体の排出量に占める割合[2]
農業	6.2 ± 1.4	10−14%
土地利用	4.9 ± 2.5	5−14%
農業以外[3]	2.6 − 5.2	5−10%
食料システム（合計）	10.8−19.1	**21−37%**

1) 二酸化炭素（CO$_2$）の他、メタン（温室効果がCO$_2$の28倍）や一酸化二窒素（温室効果が CO$_2$の265倍）が含まれる
2) 人の活動由来の年あたり排出量約52Gtに対する%
3) 肥料の生産や食品の加工、流通、消費等に伴う温室効果ガスの排出

出典) Mbow, C., C. Rosenzweig, L.G. Barioni, et al. (2019) "Food Security," in P.R. Shukla, et al. eds., Special Report on Climate Change and Land, IPCC

られている。

　こうした中、日本では2021年5月に食料・農林水産業の生産力向上と持続性の両立をイノベーションで実現する「みどりの食料システム戦略」が策定され、2022年7月には関連法として「みどりの食料システム法(*)」が施行される等、食料システムの変革に向けた取組が進められている。他方、国際的には国連機関を中心に国連食料システムサミットのフォローアップの動きが活発化している。

　食料システムの変革には万能の解決策はない（no one-size-fits-all）。SDGs が目指す「誰一人取り残さない」社会の実現には、政策担当者はもとより、生産者、食品関連企業、消費者、市民団体、研究者を含め、全ての関係者による食料システムの変革に向けた意識改革と行動が欠かせない。

　＊正式名：環境と調和のとれた食料システムの確立のための環境負荷低減事業活動の促進等に関する法律

■関連するキーワード
プラネタリーバウンダリー、気候変動

■参考文献

大澤誠（2021）「「国連食料システムサミット」で語られること」、『AFC フォーラム』2021-4・5（合併号）p.3-4
長谷川利拡（2022）「気候変動と食料システム」、『作物研究』67

バイオマス・食

バイオマス・食

ローカル・フードポリシー
（総合的地域食政策）

作成：田村典江

■食を入口として地域を考えるローカル・フードポリシー

　ローカル・フードポリシーとは、食を入口として地域の未来を総合的に考える公共政策である。食に関する政策課題は、農林水産業、地域産業（食品加工、製造）、流通、都市計画、公衆衛生、廃棄物処理など多様な領域にまたがっている（図参照）。通常問題はそれぞれの領域ごとに分断され、その内部で検討されるが、ローカル・フードポリシーは食を中心に据えることで、それらを統合しようとする点に特徴がある。

■ボトムアップで考える場：フードポリシー・カウンシル

　フードポリシー・カウンシル（FPC）とは地域の食と農に関わる当事者が集い、ローカル・フードポリシーについて議論・検討する場である。FPCには草の根組織から自治体の部局に位置づけられたものまで、多様な形態がありうる。世界初のFPCは1982年にアメリカで設立され、以後、その実践は世界中に広がっている。日本でもFPCを目指す取り組みが行われている（田村ほか, 2021）。

■都市食料政策ミラノ協定

　都市食料政策ミラノ協定（Milan Urban Food Policy Pact）は、2015年にイタリアで開催されたミラノ国際万国博覧会を契機とする協定である。都市が主体となって持続可能なフードシステムへの転換を実現することを目的としており、2023年1月現在、世界で250の都市が署名している。その中には日本の4つの都市（東京都、富山市、京都市、大阪市）

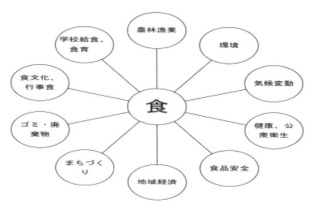

図　ローカル・フードポリシーの対象

も含まれている。ミラノ市長室におかれた協定事務局では、各種のイベントや地域フォーラムの開催、表彰、関連する知の提供など、都市のフードポリシーの促進を行っている。

■望ましい食の未来を地域から描く

　食と農のシステムは私たちの生活のあらゆる場面と関係しており、地域にとって望ましい食の未来を描くことは、地域の未来を描くことにほかならない。ローカル・フードポリシーや、フードポリシー・カウンシル、ミラノ協定は食から地域の未来を描くためのヒントとなるだろう。

■関連するキーワード
持続可能なフードシステム、トランジション（転換）

■参考文献

田村典江他（2021）『みんなでつくるいただきます―食から創る持続可能な社会』
　　昭和堂
都市のフードポリシー・スターターキット
　　https://researchmap.jp/otakazu/works/32598728　（2023 年 1 月 18 日閲覧）
Milan Urban Food Policy Pact
　　https://www.milanurbanfoodpolicypact.org/　（2023 年 1 月 18 日閲覧）

3.5 自然生態系
生物多様性

作成：伊尾木慶子

■生物多様性

「生物多様性（Biodiversity）」とは、特定の地域または地球全体で多種多様な生物種が生息していることである。地球の誕生から非常に長い歴史の中でさまざまな環境が形成され、生物はそれに適応する形で進化してきた。現在、地球上において約180万種の生物の存在が明らかになっており、未発見のものも含めると3,000万種とも推定される。生物多様性という言葉は1992年の国連環境開発会議（地球サミット）で生物多様性条約（Convention on Biological Diversity）が批准されたことで、世界的に知られるようになった。生物多様性条約では、生物多様性を（1）遺伝子の多様性、（2）種の多様性、（3）生態系の多様性の3つのレベル（階層）を用いて定義している。（1）遺伝子の多様性は、同じ種の中でも遺伝子の違いによって個体の特徴が異なることであり、集団中に遺伝子の多様性があると環境の変化などに対応できる可能性を高めることが知られている。（2）種の多様性は生態系における生物種の豊富さやそれらの相対的な割合であり、もっとも古くから研究の対象とされてきた概念である。（3）生態系の多様性とは、さまざまな自然環境とその環境に適した生物群集から構成される多様な生態系が存在することであり、熱帯林や干潟など異なる機能をもつ生態系が存在することを指す。

　これらの多様性は長い時間をかけて形成されてきたが、人為による環境の改変は産業革命以降に急速に進み、さらに20世紀後半の人口増加や科学技術の進歩により加速している。これにより、現在地球上での第6回目の大絶滅が進んでいると考えられている。生物多様性を保全するため、国

図　3つのレベルの生物多様性

際的な枠組みに基づいたさまざまな取組が行われている。

■生物多様性国家戦略

　日本では生物多様性条約に基づく最初の「生物多様性国家戦略」を1995年に策定し、生物多様性の保全及び持続可能な利用に関する国の基本的な計画を示した。これまでに数度の改正が行われており、現行の「生物多様性国家戦略2023–2030」は2022年の生物多様性条約第15回締結国会議（COP15）を受けて作成されたものである。また、生物多様性基本法（2008年施行）では、国だけでなく、地方公共団体、事業者、国民・民間団体の責務、都道府県及び市町村による生物多様性地域戦略の策定の努力義務が規定されている。

■生物多様性の危機

　日本における生物多様性国家戦略のなかでは生物多様性の4つの危機が挙げられている。「第1の危機」は開発や人間活動による生息地の破壊や過剰採取であり、生息地の消失や劣化、過剰な狩猟を含む。これはオーバーユース（overuse）とも呼ばれる。「第2の危機」は自然資源の利用の減少でありアンダーユース（underuse）とも呼ばれる。食料や燃料を持続的に利用する営みは自然環境に「撹乱」をもたらし、里山などの二次的自然を形成してきたが、農林業による人間の自然への働きかけが減少したことにより、そこに生息していた種が脅かされている。「第3の危機」は外来生物や人間が使用する化学物質による影響である。様々なルートで国境を越えて導入された生物は外来種と呼ばれ、捕食や競争を通じて在来種を減少させる要因となっている。また化学物質とマイクロプラスチック

自然生態系

197

などの影響も「第3の危機」に含まれる。「第4の危機」は気候変動による危機である。地球規模の平均気温の上昇や異常気象の増加による降水量の変化など人間活動に起因すると考えられる、地球規模での環境の変化によりさまざまな種の分布域が影響を受けている。「4つの危機」はそれぞれが独立ではなく互いに関連しあう場合も多い。

■生態系サービス

　十分な遺伝的多様性のあるさまざまな種から構成される生物群集は安定した生態系の基礎となり、私たちが自然から受けている有形・無形の恩恵である「生態系サービス（Ecosystem services）」を支えている。生態系サービスは一般的に「供給サービス」、「調整サービス」、「文化的サービス」、「基盤サービス」の4つに分類される。供給サービスとは、食料、木材、水、燃料など有用物の供給に関するサービスである。調整サービスとは、気候の調整や水質の浄化などが含まれる。文化的サービスとは、レクリエーション、文化、芸術、精神性など、自然から受ける精神的なサービスのことである。「基盤サービス」とは他の3つのサービスを支える基盤となり、光合成による二酸化炭素の固定、土壌の形成、窒素やリンなどの物質の循環などが含まれる。こうした人間の福利に深く関わる生態系サービスの概念は生物多様性と経済活動を結びつけるものである。

■ネイチャーポジティブ

　生物多様性の損失を食い止め、回復させるという「ネイチャーポジティブ」は気候変動の「カーボンニュートラル」に対応する考え方である。2022年のCOP15で採択された「昆明・モントリオール生物多様性目標」ではネイチャーポジティブが追求され、2030年までの23の目標が示された。2030年までに陸と海の30％以上を健全な生態系として効果的に保全しようとする目標30by30（サーティ・バイ・サーティ）もその1つである。現在、地球上では陸の17％、海の10％が保全されているが、これを引き上げるために従来の「保護地域」に加えて、民間の取組等によって生物多様性

の保全が図られている「保護地以外で生物多様性保全に貢献する地域（OECM：Other Effective area-based Conservation Measures）」も加えることが認められた。日本でも目標達成に向けて企業の所有地などを認定する取組が始まっている。また、企業活動による自然資本や生態系サービスの依存と影響を評価し、負荷を低減させる対策を求める目標も盛り込まれた。

　2021年に設立された「自然関連財務情報開示タスクフォース（TNFD: Taskforce on Nature-related Financial Disclosure)」では自然に関係するリスクと機会を評価・管理・報告するための枠組みをつくり、財務情報として開示することを企業に求めている。生物多様性条約事務局が2020年に公表した地球規模生物多様性概況第5版（GBO5）では、ネイチャーポジティブを目指すには従来の自然環境保全だけではなく、財とサービス、特に食料の持続可能な生産や、消費と廃棄物の削減などさまざまな分野が連携して社会変革を達成する必要があると指摘している（藤田 2023）。こうした一連の取組により、2030年までに生物多様性を回復軌道に乗せ、2050年のビジョンとして掲げられた「自然と共生する世界」を目指す努力が国際的な協調・協力のなかで続けられている。

自然生態系

■関連するキーワード
生物多様性基本法、IUCNレッドリスト

■さらに調べよう・考えよう
[1]「生物多様性」がなぜ私たち人間や地球環境にとって重要なのか、自分の言葉でまとめてみよう。
[2] 身近な外来種問題について調べ、考えてみよう。

■参考文献

宮下直・瀧本岳・鈴木牧・佐野光彦（2017）『生物多様性概論 —自然のしくみと社会のとりくみ—』朝倉書店

石濱史子（2017）「日本の生物多様性を脅かす『4つの危機』」『国環研ニュース』35（5）：9-10

藤田　香（2023）「Cover Story　自然が生む商機１０兆ドルを狙え」『日経ESG』283：30-44 日経BP

3.5 自然生態系

NbS（Nature-based Solutions）

作成：伊尾木慶子

■NbS（Nature-based Solutions）

　NbS（自然を活用した社会課題の解決）は 2016 年に開催された国際自然保護連合（IUCN）による世界自然保護会議で定義された概念であり、「社会課題に効果的かつ順応的に対処し、人間の幸福および生物多様性による恩恵を同時にもたらす、自然の、そして、人為的に改変された生態系の保護、持続可能な管理、回復のための行動」のことである。それまでに存在していた「生態系を活用した防災・減災（Eco-DRR: Ecosystem-based Disaster Risk Reduction）」や「生態系を活かした気候変動適応（EbA：Ecosystem-based Adaptation あるいは Ecosystem-based Approach for Climate Change Adaptation）」、「グリーンインフラ（Green infrastructure）」といった考え方を全て包含する幅広い概念である。NbS はこれらの個々の分野のアプローチを統合するアンブレラコンセプトであり、気候変動対策や生物多様性保全の取組の中でも人間社会、人間の安全保障と関連した考え方として特に関心が高まっている（古田 2021）。

　NbS は幅広い分野の社会的課題の解決を目指しており、具体的には①気候変動の緩和と適応、②自然災害リスクの低減、③社会と経済の発展、④人間の健康、⑤食料の安全保障、⑥水の安全保障、⑦環境劣化と生物多様性損失があげられている。日本では 2023 年に策定された生物多様性国家戦略 2023–2030 において、2030 年に向けたネイチャーポジティブの実現や 2050 年の「自然と共生する社会」を目指す 5 つの基本戦略の 1 つとして NbS が掲げられている。その基本戦略の中で特に、自然活用地域づくり、気候変動対策、再生可能エネルギー導入における配慮、鳥獣との

気候変動　自然災害　社会と経済　人間の健康　食料　　　水の　　　環境劣化と
　　　　　　　　　の発展　　　　　　　　安全保障　安全保障　生物多様性損失

図　NbSが取り組む主要な社会課題（IUCN）

軋轢緩和などの関連施策に関する取組が今後進められる。

■グリーンインフラ

　NbS の中でも特にインフラに関するアプローチとしてグリーンインフラがある。もともと欧米で生まれた概念であり、「社会資本整備や土地利用等のハード・ソフト両面において、自然環境が有する多様な機能を活用し、持続可能で魅力ある国土・都市・地域づくりを進める取組」と定義される（国土交通省 2017）。ここでのハードとはインフラそのものの整備を意味し、ソフトとは地域連携等を指している。具体的な事例には台風時に河川の水を貯留し災害を防止するような遊水池と一体化した公園の整備や、都市空間における人材や民間投資を呼び込む魅力的な自然環境の創出などがある。また建築物の緑化やレインガーデン（雨庭）の設置なども含まれる。日本では 2020 年 3 月に、この取組を官民連携・分野横断で推進するため、多様な主体が参画する「グリーンインフラ官民連携プラットフォーム」が設立された。昆明・モントリオール生物多様性目標の 30by30 なども視野に入れ、日本でもさまざまなスケールでの社会実装が進められている。

■関連するキーワード
生態系サービス、Eco-DRR

■参考文献
古田尚也（2021）「NbS 誕生の歴史と社会的背景」、『BIOCITY』86：22-30
国土交通省（2017）グリーンインフラストラクチャー

自然生態系

201

3.5 自然生態系
熱帯林とその保全

作成：伊尾木慶子

■熱帯林の減少

　熱帯林とは熱帯に分布する森林の総称であり、東南アジアや中南米、アフリカ中部に見られる。熱帯林には、熱帯雨林、熱帯季節林、熱帯山地林、熱帯サバンナ林、マングローブ林などさまざまな森林タイプがあり、特に生物多様性が豊かなことで知られる。近年、開発や農耕地への土地利用転換、森林火災などの増加により、急速に減少している。米国の世界資源研究所（WRI）のグローバル・フォレスト・ウォッチ（GFW）による衛星画像を使った分析によると2021年の熱帯林の減少は1,110万haにおよび、そのうち約34％は天然林であるとされる。熱帯林減少の要因としてもっとも深刻なものが、例えばアブラヤシやゴム農園といった農耕地への土地利用の転換である。特に森林内に炭素を多く貯留している熱帯林の消失は気候変動の加速や自然災害の頻度の増加など地球環境に大きな影響を与えていると考えられる。また、熱帯林での生物多様性の損失により人間が享受している生態系サービスが失われてしまう危険性が高い。

■さまざまな認証制度

　社会で熱帯林の消失を食い止めるために行われている取組の1つとして認証制度がある。森林認証制度では、伐採業者への定期的な監査などにより持続可能な林業経営の取組が認められた木材への認証が行われている。代表的なものには国際レベルのFSC（Forest Stewardship Council）認証があるが、国や地域レベルでも認証を受ける団体が増加している。認証基準には植林地の他の土地利用への転換を制限することやサイトの条件

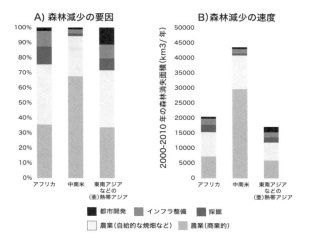
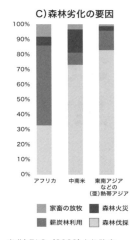

A) 森林減少の要因

B)森林減少の速度

C)森林劣化の要因

凡例:
- 都市開発
- インフラ整備
- 採掘
- 農業（自給的な焼畑など）
- 農業（商業的）

- 家畜の放牧
- 森林火災
- 薪炭林利用
- 森林伐採

出典）FAO（2020）より改変

図　2000～2010年の地域別の森林減少の要因・速度と森林劣化の要因

に適応した在来種を使用することといった項目が設けられている（林野庁2022）。

　また2004年に設立された「持続可能なパーム油のための円卓会議（RSPO）」は環境や人権に関する国際基準を満たしたパーム油の認証制度である。パーム油は東南アジアを中心に広く栽培されているアブラヤシから得られる油で食品や洗剤などに幅広く使用されている。日本でも2019年より、「持続可能なパーム油調達ネットワーク（JaSPON）」が設立された。こうしたインセンティブや2021年に発足したTNFDを受けて消費者や企業の責任が可視化されることで、商品の調達先の地域における熱帯林の保全につながることが期待されている。

■関連するキーワード

REDD＋、持続可能な森林経営（SFM）、低インパクト伐採（RIL）

■参考文献

FAO and UNEP（2020）『The State of the World's Forests 2020. Forests, biodiversity and people』

宮下直・瀧本岳・鈴木牧・佐野光彦（2017）『生物多様性概論 ―自然のしくみと社会のとりくみ―』朝倉書店

林野庁（2022）「令和2年度『クリーンウッド』利用推進事業のうちクリーンウッド法定着実態調査報告書」

自然生態系

自然生態系

里山

作成：白井信雄

■里山の開発と放棄

　里山は森林資源の持続可能な利用を図るシステムとして、日本だけでなく世界各地にみられる。日本の場合は、薪炭林（エネルギー利用目的の薪炭用材の採取）あるいは農用林（落ち葉の採取による堆肥等への利用）などとして、地域住民の手が加わることで形成され、継続的に利用されてきた。

　里山は手つかずの大自然とは異なり二次的自然である。伐採しても萌芽更新をする樹種を中心に構成され、関東の里山は主にクヌギ・コナラなどの落葉広葉樹となっている。地域によっては、アカマツの常緑針葉樹林、シイ・カシなどの常緑広葉樹林の二次林、あるいはスギ・ヒノキなどの人工林、それらの混交林として構成されている場合もある。

　昭和初期まで薪炭や農用での里山利用がなされていたが、戦後のエネルギー革命により薪炭が利用されなくなり、工業化により化学肥料が使われるようになり、里山は放棄されてきた。「生物多様性国家戦略」では日本の自然の4つの危機として開発、放棄、移入、気候変動をあげているが、里山は低利用地として開発され、近代化により放棄されてきた。

■里山の持つ価値と再生

　里山は二次的自然として、独自の生態系を形成している。ギフチョウの昆虫、カタクリ、ササユリ等の植物は明るい林床を持つ里山ならではの生息生物である。放棄され、低木が生えてくるとこれらの生物の生息に適さなくなる。居住地に近い所にある里山は、水土砂災害の防止や大都市のヒートアイランドの抑制、景観や保健休養といったアメニティ機能の提供な

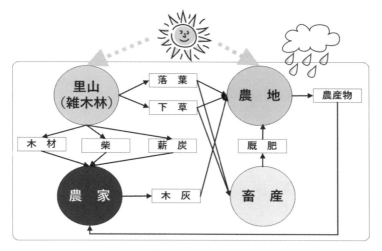

図　里山システム

どのように、生態系サービスを提供してくれる。植生や人間との関わりが多様であるため、環境教育の場としても優れている。

■「SATOYAMAイニシアティブ」

　里山を介したエネルギー目的での薪炭や堆肥等の循環は、住民によって担われ、地域内で完結し、環境負荷がなく、かつ自然と共生するシステムとして優れている（図参照）。リローカリゼーション、心豊かな暮らしの再生が求められるなか、里山を介する循環共生システムから学ぶべきことがある。こうした視点から、自然保全という目的だけにとどまらない、里山再生に向けた市民活動や企業の社会貢献活動が活発になってきた。2010年に開催された生物多様性条約第10回締約国会議では、二次的自然の保全とその持続可能な利用の両立を図る「SATOYAMA イニシアティブ」が採択された。

■関連するキーワード

里山資本主義、里海、里浜、里川

■参考文献

四手井綱英（2006）『森林はモリやハヤシではない―私の森林論』ナカニシヤ出版

205

● 著者紹介

● 明石 修

武蔵野大学工学部サステナビリティ学科准教授
「システム思考」「パーマカルチャー」「社会関係資本」

● 伊尾木 慶子

武蔵野大学工学部サステナビリティ学科講師
「生物多様性」「NbS（Nature-based Solutions）」「熱帯林とその保全」

● 磯部 孝行

武蔵野大学工学部サステナビリティ学科講師
「ZEH・ZEB」「LCA（ライフサイクルアセスメント）」

● 門多 真理子

武蔵野大学工学部サステナビリティ学科教授
「バイオマス」「バイオマスエネルギー」「バイオマスプラスチック」

● 白井 信雄

武蔵野大学工学部サステナビリティ学科教授
「本書の取扱説明」「サステナビリティ」「SDGs」「環境と経済・社会の統合的向上」「ウェルビーイング」「社会的包摂」「トランジション」「サーキュラーエコノミーとシェアリングエコノミー」「予防原則」「バックキャスティング」「パートナーシップ」「再生可能エネルギー」「エネルギーセキュリティ」「里山」

● 白鳥 和彦

武蔵野大学工学部サステナビリティ学科教授
「CSV」「ESG投資」「エシカル消費」

● 鈴木 菜央

武蔵野大学工学部サステナビリティ学科准教授
「リジェネラティブ」

● 髙橋 和枝

武蔵野大学工学部サステナビリティ学科教授
「3R」

● 真名垣 聡

武蔵野大学工学部サステナビリティ学科准教授
「マイクロプラスチック」「化学物質」「グリーンケミストリー」「リスク管理」

● 三坂 育正

武蔵野大学工学部サステナビリティ学科教授
「気候変動と異常気象」「温室効果ガス」「脱炭素・カーボンニュートラル」「気候変動適応」「ヒートアイランド」

● 村松 陸雄

武蔵野大学工学部サステナビリティ学科教授
「環境心理学」

● 一方井 誠治

武蔵野大学　名誉教授
「プラネタリー・バウンダリー」「弱い持続
可能性と強い持続可能性」

● 大倉 茂

武蔵野大学非常勤講師、東京農工大学大学
院講師
「公正・公平」「環境正義」「人新生・脱成長・
定常型社会」

● 佐藤 秀樹

武蔵野大学非常勤講師
「ファシリテーション」

● 田村 典江

武蔵野大学非常勤講師、事業構想大学院大
学講師
「ローカルフードポリシー」

● 長岡 素彦

武蔵野大学サステナビリティ研究所客員
研究員、一般社団法人地域連携プラットフ
ォーム（代表理事）
「コンヴィヴィアリティ」「クリティカルシ
ンキング」「チェンジエージェント」

● 中島 恵理

武蔵野大学客員教授、同志社大学政策学
部教授
「地域循環共生圏」「一場所多役」

● 新津 尚子

武蔵野大学非常勤講師、有限会社イーズ主
任研究員
「レジリエンス」

● 橋本 淳司

武蔵野大学客員教授、アクアスフィア・水
教育研究所代表
「流域圏」

● 早川 公

武蔵野大学サステナビリティ研究所客員
研究員、大阪国際大学基幹教育機構准教授
「再帰的近代化・エコロジー的近代化」「伝
統知（在来知）」

● 布施 元

武蔵野大学非常勤講師
「コモンズ」

● 舟木 康郎

武蔵野大学サステナビリティ研究所客員
研究員、国立研究開発法人国際農林水産業
研究センター社会科学領域長、
「食料システム」

● 森 雅浩

有限会社ビーネイチャー／Be-Nature
School代表、ワークショップ企画ファシリ
テーター
「自己充足」「身体感覚」

● 吉田 綾

国立研究開発法人国立環境研究所資源循
環領域（資源循環社会システム研究室）主
任研究員
「拡大生産者責任」

● 八十歩 奈央子

武蔵野大学大学院環境学研究科博士後期
課程
「マイクロプラスチック」

207

キーワードで知る サステナビリティ

発行日	2023 年 11 月 20 日 初版第 1 刷
編著者	武蔵野大学サステナビリティ学科
発行	武蔵野大学出版会 〒202-8585 東京都西東京市新町 1-1-20 武蔵野大学構内 Tel. 042-468-3003 Fax. 042-468-3004
印刷	株式会社 ルナテック
装丁・本文デザイン	田中眞一

©musashinodaigaku sasutenabiritei gakka
2023 Printed in Japan
ISBN 978-4-903281-61-2

武蔵野大学出版会ホームページ
http://mubs.jp/syuppan/